知识
问不停

零基础
也能趣味阅读!

你想知道
的
物理

东京理科大学理学部物理学科教授

[日]**川村康文** 主编

胡毅美 译

U0321626

人民文学出版社 天天出版社

序　言

　　拿到本书的读者，虽然大多对物理感兴趣，但是也不乏会有人有"但是，物理很难啊……""学生时代受挫……""我是文科生，所以不行吧……"这样的想法。

　　物理学通常被认为是一门很难的学问。其实，了解物理知识并不需要以理科或文科为基础，了解物理的本质也不需要拘泥于掌握难懂的公式。本书正是为那些不擅长物理，以及认为自己是文科生的人量身定做的。

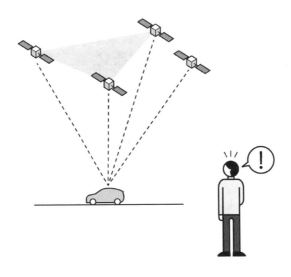

第2章

浩瀚无垠的物理世界 ……………………… 75 ▼ 152

第3章 最新技术与物理的关系 ·············· 153 ▼ 194

第**4**章 想要知晓的物理世界 ································ 195 ▼ 215

第 1 章

生活中的疑惑
与物理知识

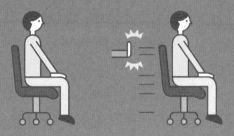

我们的身边充斥着看似理所应当的事物与自然现象。

倘若停下仔细想一想,

其实有很多东西的原理都是我们不了解的。

比如牛顿第一运动定律、引力、重力、浮力等,

现在就让我们一起来看一下身边的物理知识吧。

01 在行驶的电车里跳跃，为什么人不会后移着地？

原来如此！ 根据牛顿第一运动定律，人和电车都在以同样的速度持续运动！

如果在一辆行驶中的电车上跳起来，落地时的点会不会向后移动呢？答案是否定的，我们依然会在与起跳相同的地方落地。这是为什么呢？

物体的移动，在物理学上被称为**运动**。若电车在笔直的铁轨上以相同的速度运动，这就被称为**匀速直线运动**。而在这时，电车上的人也和电车一起做匀速直线运动（图1）。做匀速直线运动的物体，只要不受到任何力量的作用，就会保持原来的速度和方向继续进行匀速直线运动。这种性质被称为**牛顿第一运动定律**，又称**惯性定律**。

这时，电车和人都会受到"惯性"的作用。**惯性是物体保持运动状态不变的属性，它能使静止的物体保持静止，使运动的物体保持匀速直线运动**（图2）。因此，无论是即将跳跃的时候、离开地面的时候，还是落地的时候，人和电车都朝着电车前进的方向一起做匀速直线运动。

如果载着人的电车急刹车，这时人就会向前俯冲。这是因为虽然电车突然减速，但是人由于自身惯性继续进行着匀速直线运动。电车要停下，而人保持自身运动状态继续前进，身体就会向前倾斜。

人和电车一起做匀速直线运动

▶ 电车和人做同样的运动（图1）

电车内的人和电车以相同的速度运动。

若电车做匀速直线运动，车内的人也会做匀速直线运动。因此，当电车急刹车时，只有人会持续做匀速直线运动，所以人就会向前"冲"。

▶ 惯性的性质（图2）

任何物体在没有受到外力时，都保持静止或匀速直线运动状态；在受到外力的作用时，物体会改变运动状态。

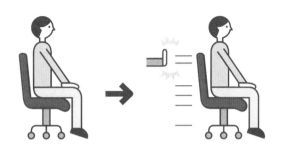

没有受到外力时保持静止或匀速直线运动状态。

受到外力时会改变运动状态。

02 为什么坐过山车时人不会被甩出去？

坐过山车时产生的离心力会把人压在座位上！

坐过山车的时候，人的身体是完全倒过来的，但是人却不会掉下来。这是为什么呢？是因为系着安全带吗？

仅仅靠安全带来保护倒过来的身体是非常危险的。人没有从座位上滑落是因为过山车的**离心力**在起作用，而且此刻离心力大于重力。

对于旋转的物体来说，有一种力会在远离圆心的方向上起作用，使物体远离它的旋转中心。这种力就是离心力。要想体验离心力，可以通过甩动装有水的木桶来实现（图1）。在甩动木桶的过程中，水即使到达了正上方也不会被甩出来。这是因为在转动的过程中，使水远离旋转中心（此处为肩膀）的离心力发挥了作用，水被压在了木桶的底部，不会被甩出去。

坐过山车时也是一样的，过山车就如同木桶里的水，试图从旋转中心向外飞出去，但由于有铁轨的作用，所以飞不出去。因此，人就会被压在过山车的座位上。

离心力**与旋转速度的平方成正比，与旋转半径的长度成反比**（图2的公式）。也就是说，旋转速度越快，旋转越小，离心力越大。

离心力在物体旋转中起着作用

▶ 木桶与离心力（图1）

离心力是一种远离旋转中心的力量。由于离心力，水桶里的水不会洒出来。

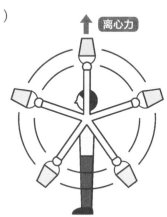

▶ 过山车的运行机制（图2）

$$m \times \frac{v^2}{r} = 5000 > m \times g = 500$$

离心力　　　　重力

m：人的质量（50kg）
g：重力加速度（9.8m/s²）
v：速度（100km/h）
r：轨道环的半径（10m）

运行中的过山车由于有比重力更大的离心力在起作用，所以人的身体在旋转180°时也不会掉落。

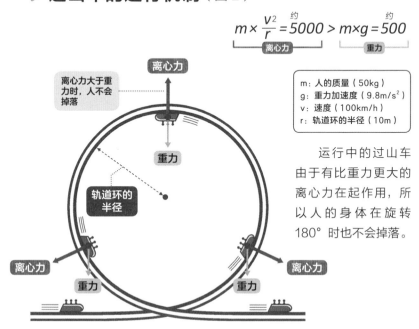

生活中的疑惑与物理知识 **第1章**

Q 在上升中的电梯里，承载人的体重秤上的数字会变化吗？

变 大 〉 或 〉 不 变 〉 或 〉 变 小

乘坐电梯的时候，人会有一种飘浮感和坠落感。我们在电梯里进行了一项实验：把体重秤放在电梯里，人站上去，然后电梯上升。承载人的体重秤上面的数字会有什么变化吗？

当人站在电车里，电车突然开动的时候，身体会朝前进的相反方向倾斜。这样的经历，你应该有过吧？根据**牛顿第一定律**(第10页)，这是因为有了外力的介入，使得受力物体必须恢复到原来的位置。电车向前行驶，但是车里的人因为没有向前走，从而受到电车施加的力，所以人就会向后倾斜。这种力被称为**惯性力**。

那么，相对于横向移动的电车，电梯是纵向移动的。在电梯上升的时候，电梯里的人和东西会受到惯性力的作用。因此，体重秤会被其向下挤压（下图）。

电梯的移动与惯性力

惯性力

电梯上升

上升时，体重秤上的数字是体重和惯性力的加成，体重秤的数字比真实体重更大。

体重秤

电梯停止

惯性力

电梯下降

下降时，体重秤上的数字是体重减去惯性力的结果，体重秤上的数字比真实体重要小。

如果体重秤被人向下挤压，惯性力就会增加，体重秤上的数字就会变大。在上升的电梯里，一开始上升时，体重秤上的数字会变大。过了一会儿，电梯的加速结束，开始做匀速直线运动，此时由于惯性在起作用，人会以同样的速度继续向上移动。如此一来，压迫体重秤的力量就会和电梯静止的时候一样了。

与此同理，在相反的情况下，即电梯开始向下移动的时候，体重秤上的数值会减小。

生活中的疑惑与物理知识 第1章

03 为什么人不会被抛向太空？

 因为在地球上的人同时受到离心力和引力的影响，且引力比离心力更大！

人能站立在地球上，似乎是一件理所当然的事情，可是为什么我们不会被抛到太空中，而是能够站在这里呢？

地球自转一周为24小时，赤道周长约为4万千米，赤道上的秒速约为460米。对于旋转的物体来说，**离心力**会起作用（第12页），这是一种由旋转中心向外作用的力。也就是说，站在地球上的我们如果只受到离心力的话，就会从地球被抛向太空中。但因为有了**引力**，在两种力的同时作用下，这一现象无法形成。

物体间彼此有**引力**，可以相互吸引，地球和地球上的物体也相互吸引着。地球的质量大约为60亿兆吨，有很强的引力吸引着我们，而离心力大小只有引力的三百分之一，离心力远小于引力，所以人是不会被抛到宇宙中的（图1）。

物体从地球受到的引力和离心力的合力叫作**重力**。受到重力影响，物体以一定的加速度落下，称为**重力加速度**，表示为"**g**"。重力的大小用加速度的大小表示，g的值约为9.8米/秒^2。这个大小的重力加速度来自地球。

地球的重力非常之大

▶地心引力比地球自转的离心力大（图1）

    和地球产生的离心力相比，人受到的向地球中心吸引的引力更强，所以人不会被抛到太空中。

引力

把人往地球中心吸引的力量

由于地心引力，人被地球牵拉着。

自转时产生的力

离心力是引力的三百分之一

由于地球自转，人同时受到离心力。

> 引力比地球自转时产生的离心力更大！

▶如果引力小于地球自转时产生的离心力的话

（图2）

引力变弱，或者由于自转速度加快导致离心力变大……

    如果地球自转时产生的离心力大于人受到的地心引力的话，人就会被抛到太空中。

04 人造卫星为什么能够一直围绕着地球转？

 人造卫星克服了地球的重力，凭借与离心力相称的速度持续飞行。

围绕行星运转的天体叫作卫星。月亮是地球的卫星。所谓**人造卫星**，指的是人类利用火箭运送到地球上空的、如同围绕地球的卫星一样运转的人造航天器（图1）。

人造卫星之所以能够一直围绕着地球飞行，不会坠落，是因为它以一种不会坠落的恒定速度飞行。这个速度也是它在**坠落之前环绕地球运行的速度**。

假设空气阻力忽略不计，在地球上扔球。用力扔球的话，球会飞得很远，但由于**重力**的影响不久就会坠落。如果有足够的势能，球就能在下落之前环绕地球一周（图2）。这就是人造卫星的原理。

另外，在人造卫星的运行过程中，离心力也起着作用（第12页）。离心力是一种与重力相反的力，人造卫星的**重力和离心力正好平衡**，以这种状态下的速度飞行是不会坠落的。可以达到这种状态的速度为7.9千米/秒及以上，能够使人造卫星克服重力，不会坠地，而且持续地环绕在地球周围。真是令人吃惊的速度啊！

日本气象厅的气象卫星"向日葵"，是一颗日本常用来进行气象观测的静止卫星。它以与地球的自转方向相同的方向环绕地球飞行，飞行一周为24小时，所以看起来总是静止在相同的位置。

速度达到 7.9km/s 及以上时，卫星就不会坠落

▶ 卫星绕着行星旋转（图1）

人造卫星围绕着地球转动，看起来静止的卫星，在以与地球自转相同的速度转动着。

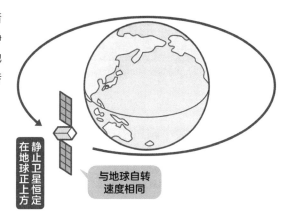

在地球正上方 静止卫星恒定

与地球自转速度相同

▶ 小球如果克服了重力就不会掉落（图2）

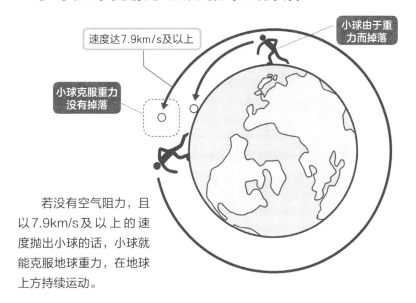

速度达7.9km/s及以上

小球由于重力而掉落

小球克服重力没有掉落

若没有空气阻力，且以7.9km/s及以上的速度抛出小球的话，小球就能克服地球重力，在地球上方持续运动。

生活中的疑惑与物理知识 第1章

05 为什么飞机能在空中飞行？

 机翼的外形能够产生气压差，从而产生向上的升力，托起飞机！

飞机为什么能飞？那是因为飞机上特殊形状的机翼能够产生**升力**，且升力大小超过了使飞机坠落的自身**重力**，才使得飞机能在空中飞行。

飞机翅膀的横截面是流线型的。飞机向右飞行的话，会受到右侧空气流动的影响。紧接着空气因为机翼形状的影响分别从机翼的上方和下方流动，空气的流速也发生了变化（图1）。

空气流速变快的话，空气周围的气压会降低，而且，**空气本身具有从高气压的一方推压低气压一方的性质**。因此，对飞机来说，空气会从气压高的机翼下方向气压低的机翼上方推，从而使机体上升。这就是使飞机机体上升的升力的成因。

对于总重量约360吨的大型飞机，机翼面积每1平方厘米升力约为70克。左右机翼面积各为260平方米（约一个网球场的面积），其总升力就能够满足飞机在空中飞行。

此处的升力可以通过"吹纸带"这样一个简单实验来进行验证（图2）。嘴巴旁边的空气流速加快，导致气压下降；与此相对气压较高的胸侧（嘴巴下面）的空气，能够使纸带向上浮动起来。我们可以看出，在这个过程中气压差产生了升力。

水中的物体受到来自水的*浮力*

▶ 弹珠沉入水中（图1）

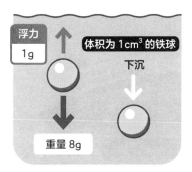

体积为1cm³的弹珠重8g，受到来自水的浮力为1g，小于其自身重量，因此会沉入水中。

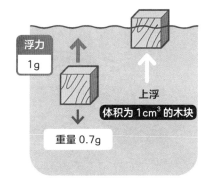

体积为1cm³的木块重0.7g，受到来自水的浮力为1g，大于其自身重量，因此会浮在水面上。

▶ 船浮在水面上（图2）

船受到的水的浮力大于船自身的重量。

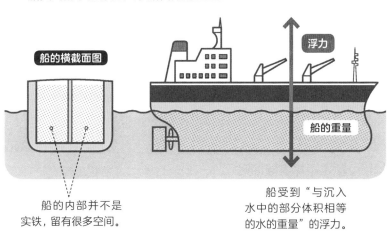

船的内部并不是实铁，留有很多空间。

船受到"与沉入水中的部分体积相等的水的重量"的浮力。

生活中的疑惑与物理知识 **第1章**

世界上最大的船

理论上，船的体积可以达到无限大。

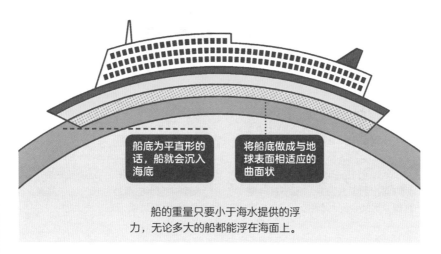

船底为平直形的话，船就会沉入海底

将船底做成与地球表面相适应的曲面状

船的重量只要小于海水提供的浮力，无论多大的船都能浮在海面上。

　　船的大小是不受拘束的。我们可以对船的空间进行合理规划，充分设计其结构，使船体本身比船体排出的水的重量轻（第22页）。如此一来，无论船有多大，都会浮在水面上。

　　需要注意的是，因为地球是圆的，所以必须沿着地球的圆弧把船底设计成弯曲状。如果简单地把船底制作成平底的话，船的中央就会和海底直接接触（如上图）。如果把船底做成与地球表面相适应的曲面状，我们甚至可以造一艘长度能够绕地球一周的船。但遗憾的是，这样的船并不存在。可是为什么建造这样的巨型船是不切实际的呢？

　　首先第一个原因是，这样的船很容易损坏。一般情况下，海浪的波长最长为150米，由于自然海浪的形状是不规则的，所

最大能有多大？

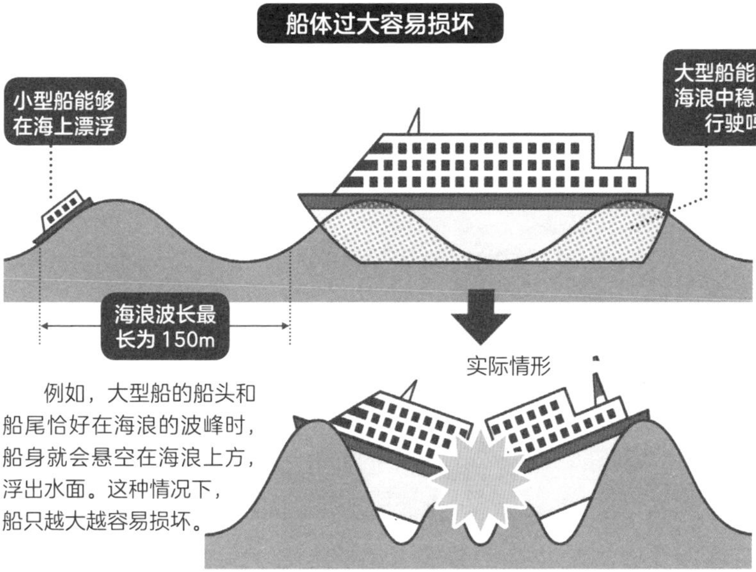

船体过大容易损坏

小型船能够在海上漂浮

大型船能够在海浪中稳定地行驶吗

海浪波长最长为150m

例如，大型船的船头和船尾恰好在海浪的波峰时，船身就会悬空在海浪上方，浮出水面。这种情况下，船只越大越容易损坏。

实际情形

以船体会浮起来（如上图），船体可能会被突然折断。

其次，对于如此巨大的船只，有很多地方是无法及时进行修理的。例如船底附着了很多贝壳，只进行简单的清扫是远远不够的。但如果放置不管的话，船的速度就会变慢，不久就会沉入海底。

最后，船体太大的话也不方便。即使已经建成了一艘从日本通往美国的货船，若想实现自由通行，人们依然需要借助汽车之类的工具才能完成。

挪威有一艘全长约458米的油轮，是世界上最大的船。458米或许是实际可使用船的极限长度了。

生活中的疑惑与物理知识 **第1章**

07 为什么在跳台滑雪时我们不会失控而能安全着地？

在跳台滑雪项目中，着地时由于"**反作用力**"变小，我们所受的冲击也会变少！

跳台滑雪项目中的跳台高度是有规定的，小型台是66米，大型台是86米。起跳点和着地点K之间的高度差大约为40～60米。选手在如此高的跳台上进行跳跃下滑，却不会受伤，这是为什么呢？原来是<u>与斜面状的着地点有关</u>。

我们看着图1思考一下落地时的冲击力大小。若从正上方到水平面着地的话，人和滑雪板对着地面的力（a），和着地面对人和滑雪板的力（a'），数值上是相同的，因此人会受到很大的冲击力。人和滑雪板对着地面施加的力称为"**作用力**"，人和滑雪板受到着地面的力称为"**反作用力**"，且**作用力和反作用力大小相等**。

接下来我们研究人从斜上方飞过来着陆的情况。此时，冲击力（a）被分解为垂直向下挤压地面的力（b）和水平方向上向前推进的力（c）。力（b）的反作用力（b'）为着地点施加给人的力，由于力的分解，使得其在数值上小于力（a）。

在跳台滑雪中，落地面采用的是斜面设计。选手从斜上方着地到斜面上，力（a）被分解为垂直方向上挤压地面的力（b）和水平方向上向前推进的力（c），选手从斜面受到的反作用力（b'）数值上变小了（图2）。这就是滑雪运动员不会受伤的原因。

反作用力被分散，人所受冲击减少

▶人对着落地点施加的力会以反作用力的形式反弹回来（图1）

从正上方落到水平面时冲击力较大，从斜面落地时冲击力变小。

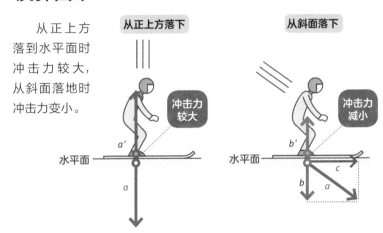

从正上方落下　　　从斜面落下

冲击力较大

冲击力减小

水平面

▶跳台滑雪的落地方式（图2）

若在40°角的斜面上以50°的角度跃下，相当于以10°的角度从斜上方掉落在水平面上。

设此时以时速100km着地，

$$\sin10° \approx 0.17$$

那么该情况与从约1.1m高度垂直跳下时的速度一样，可计算出以每小时17km的速度落地。

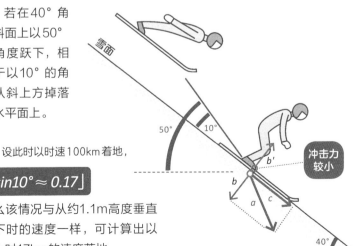

雪面

冲击力较小

生活中的疑惑与物理知识 第1章

08 为什么杯中的水倒满了却不会溢出来？

 由于分子间有相互连接的分子间作用力，且"界面张力"发挥了作用！

　　一杯水满得快要溢出来，但又始终溢不出来，这样的情形想必大家都见过吧。可这是为什么呢？

　　水和其他液体可以自由改变形状，但洒在桌子上的水不可能变成灰尘，而是会变成一定大小的水滴。**水在某种程度上具有聚在一起的性质**，这是因为水分子之间有一种难以拆散的相互吸引的力量，即分子间作用力。这种**分子间作用力**，不仅存在于水和杯子之间，同样存在于水和空气之间。在分子间的引力中，使表面积尽可能小的力称为**界面张力**，对于液体来说就是**表面张力**。

　　现在话题回到盛满水的杯子。在这种情况下，水被空气和杯子两者同时拉扯着。水和空气间的界面张力非常强，但只要与水和杯子间的界面张力相平衡的话，水就不会从杯子里溢出来（图1）。

　　另外，荷叶对水的界面张力较强，十分具有代表性。荷叶上有许多细小的凹凸不平的纹路，因此荷叶对水产生排斥，形成水滴。这些细小的凹凸，使得荷叶与水滴接触的角度（**接触角**）较大，因此界面张力变大，更容易排斥水（图2）。

细小的凹凸结构增强了界面张力的作用

▶水的界面张力（图1）

杯子里的水即使漫过了杯子边缘也不会溢出来，这是因为在水的表面，水分子之间在互相拉扯。

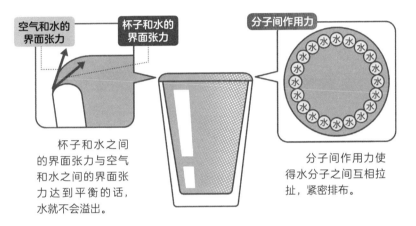

杯子和水之间的界面张力与空气和水之间的界面张力达到平衡的话，水就不会溢出。

分子间作用力使得水分子之间互相拉扯，紧密排布。

▶关于接触角（图2）

玻璃和水的接触角较小，所以界面张力较弱。相反，荷叶和水的接触角较大，界面张力就更强。

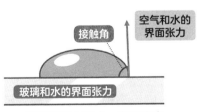

在玻璃板上洒水，由于玻璃和水的接触角度很小，所以水无法同时向外扩散。

凹凸不平的叶片和水滴在端点处接触，接触角度变大，水滴受到表面张力而变圆。

人能在水上走吗？

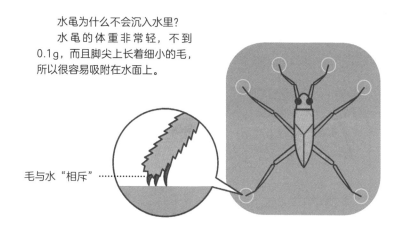

水黾为什么不会沉入水里？
水黾的体重非常轻，不到0.1g，而且脚尖上长着细小的毛，所以很容易吸附在水面上。

毛与水"相斥"

大家都想在水上痛快地奔跑吧！那么，我们怎样才能做到呢？

首先，我们来观察下水黾的运动情况。水黾不会沉入水中，能在水面上自由游动。这是因为水黾的脚上长有很多细小的毛，**水的表面张力**（第28页）没有被打破。因此，水黾的脚与荷叶一样，能够对水保持一种排斥力。

那么，如果人们穿上**防水运动鞋**是不是就能办到了呢？在这种情况下，垂直向下的重力比水的表面张力大得多，人的脚冲破了表面张力的保护，所以人还是会掉入水中。

接下来，我们来看看一种叫作蛇怪蜥蜴的动物。这种蜥蜴用后腿拍打水面，在水上能以惊人的速度奔跑。在拍打水面时，它的脚爪之间的皮肤会进行扩张，在脚底下**形成一个气囊**，延缓身体沉入水里的时间。它能够迅速地迈出下一步，在沉入水里之前，它可以在水面上跨出4米以上。

被誉为水上忍者的蜥蜴

蛇怪蜥蜴的体长为70cm（包括尾巴），体重约为200g，在水上奔跑的时速为6～7km。

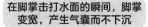
在脚掌击打水面的瞬间，脚掌变宽，产生气囊而不下沉

安全气囊

怎样才能让人在水上奔跑？

人要想和蛇怪蜥蜴一样在水面上奔跑，人的奔跑速度至少要达到每小时100km以上！

那么，如果人类模仿蛇怪蜥蜴的运动方式，能够达到我们的目标吗？首先，要想模拟蛇怪蜥蜴的后腿长度，我们穿的鞋子长度必须在30厘米左右。此外，算上蛇怪蜥蜴的尾巴，它的体长约70厘米，最大体重为200克。蛇怪蜥蜴的运动时速约为5.4千米，以成年男子的身高和体重进行换算，相当于时速约104千米。截至2021年3月，田径比赛男子100米的世界纪录是9.58秒（时速约37.6千米），人类需要用近2.8倍的速度奔跑，才能赶得上蛇怪蜥蜴。

生活中的疑惑与物理知识 **第1章**

09 最快的划船方式是什么？

 船是依据杠杆原理前进的，所以尽量延长支点与阻力点之间的距离，全力划吧！

要想知道如何才能更快地划船，我们首先必须了解什么是**杠杆原理**（图1）。杠杆的构造能够让我们用小的力量移动大的物体，一般常见的杠杆被称为**省力杠杆**。在划船的时候，由于支点和阻力点是相反的，所以被称为**费力杠杆**。因为划桨的人也在运动，所以我们容易误认为人是支点，但静止的是船桨的尖端，所以船桨尖端才是支点。

杠杆原理的含义是，阻力点和支点之间的距离越短，动力点和支点之间的距离越长，阻力点上的物体就越容易移动。因此，要想轻松地划船，选择动力点和支点之间距离较长的船比较好。但是这样的话，阻力点和支点之间的距离又太近了，向前划的距离非常短，速度也会显著下降。

因此，为了让小船能够大幅度地向前行驶，我们就得放弃"轻松划船"的想法。也就是说，**逆运用杠杆原理**，缩短动力点和支点的距离，加长阻力点和支点的距离。虽然划船时比较费力，但相应地，船也会大幅度前行（图2）。

在赛艇比赛中，选手们都是身材高大、上半身健壮的运动员。为了提高划船的速度，选手们每天都在刻苦训练，努力提高肌肉力量。

船依据杠杆原理前进

▶划船的物理模型为费力杠杆（图1）

动力点、支点、阻力点的位置不同，杠杆的效果也会不同。

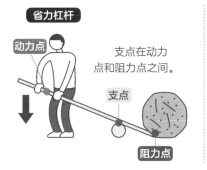

省力杠杆

动力点

支点在动力点和阻力点之间。

支点

阻力点

费力杠杆

动力点

阻力点在动力点和支点之间。

阻力点

支点

▶动力点、支点、阻力点的位置与船向前运动的关系（图2）

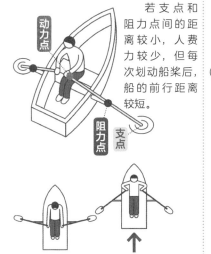

支点和阻力点之间距离较小

动力点

若支点和阻力点间的距离较小，人费力较少，但每次划动船桨后，船的前行距离较短。

阻力点

支点

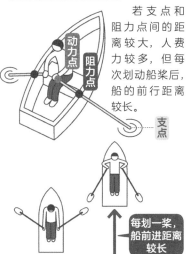

支点和阻力点距离较大

动力点

阻力点

若支点和阻力点间的距离较大，人费力较多，但每次划动船桨后，船的前行距离较长。

支点

每划一桨，船前进距离较长

10 为什么越靠近河的中央，河水的流速越大？

因为水有"黏性"，所处的位置不同摩擦力大小也会有差异，所以越靠近河中央河水的流速越快。

我们尝试把木片之类的东西扔进河里，可以发现木片在河的中央能够快速地、顺畅地流动，而在靠近岸边的地方却流得很缓慢，有时还会出现卡住一动不动的情况。明明是同一条河，为什么在不同的地方水的流速不同呢？

首先，我们来了解一下**水的分子结构**。水分子用化学式 H_2O 来表示。液体的水分子可以自由运动，而且可以根据周围环境改变自身形状（图2）。

但这种自由运动也并不是完全自由的。水分子之间通过一种较弱的**"分子间作用力"**相互吸引，如果某个水分子移动，与其相邻的水分子也会一起移动。这就是我们说的**黏性**。

黏性，是指使物体粘黏的性质，像水这样摸起来舒爽的物质中也同样存在黏性。由于这种黏性，河底、岸边等都会与河水产生摩擦，对河水的流速产生影响。

越靠近岸边，也就是越靠近河的周边部分，河水越浅。河岸边的河水，因为同时受到来自岸边和河底的**摩擦**，所以流动速度降低。岸边河水流速的下降又导致与之紧密相连的河水流速也下降。于是出现越靠近岸边的河水流速越慢，而河中央部分的河水由于受到的影响较小，流速就较快。

河水越浅摩擦越大

▶河中央水流速度较快，河岸边水流速度较慢

（图1）

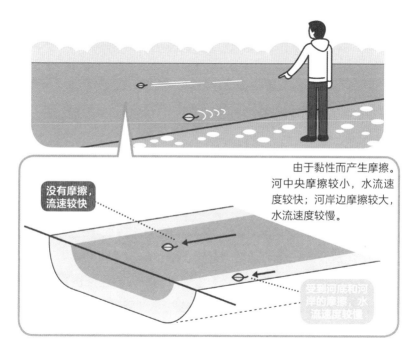

没有摩擦，流速较快

由于黏性而产生摩擦。河中央摩擦较小，水流速度较快；河岸边摩擦较大，水流速度较慢。

受到河底和河岸的摩擦，水流速度较慢

▶水分子被相邻的水分子带动（图2）

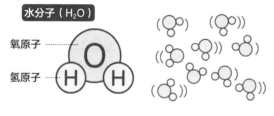

水分子（H_2O）

氧原子 ······

氢原子 ······

液体分子可以自由活动，但它们具有黏性。分子间的作用力使得分子间相互吸引，且能和相邻分子一起移动。

生活中的疑惑与物理知识 第1章

11 变化球为什么能转弯？

原来如此！ 由旋转造成的空气压力差而产生的"马格努斯效应"，使球的运动轨迹发生变化！

　　在棒球运动中，投手会使用滑球、切球、投射球等上下左右弯曲的各种变化球。这一系列的变化球究竟是通过什么来实现转弯的呢？

　　从我们手中投出的球，和飞机上升的原理一样，受到**升力**的影响（第20页）。

　　例如变化球中的滑球，在投出时需要用手指和手腕使球在水平方向上旋转。这样能够让球左侧空气的流速大于右侧空气的流速。球从右向左受到升力的影响，就会向左转弯（图1）。

　　像这种一边在空气中旋转一边前进的物体，**在前进方向与垂直方向受力的现象被称为马格努斯效应**。棒球选手投出的各种各样的变化球，就是利用马格努斯效应使球的运动轨迹发生了变化。

　　球旋转的次数越多，马格努斯效应就越强，球运动轨迹的变化程度也越大。相反，完全没有旋转的球，也就是所谓的蝴蝶球（不旋转球）不会产生马格努斯效应。球的后方会产生**空气涡流**，球的运动就会发生不规则的变化（图2）。

产生马格努斯效应的是升力

▶棒球的曲线运动原理（图1）

投球时通过旋转产生升力，使球转弯。

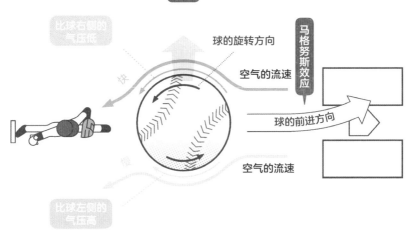

升力

比球右侧的气压低

球的旋转方向

空气的流速

马格努斯效应

球的前进方向

空气的流速

比球左侧的气压高

▶不旋转的球产生不规则的变化（图2）

不旋转的球在球的后面形成不规则的空气涡流。涡流使得球运动不稳定，其运动轨迹无法预测。

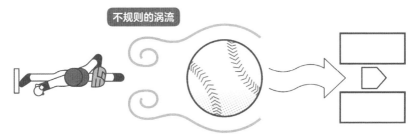

不规则的涡流

若球没有旋转，就不会产生马格努斯效应，球的后面就会产生不规则的涡流。

生活中的疑惑与物理知识 第1章

12 拱形桥为什么不会被折断？

因为梯形截面的石头互相支撑着，存在作用力和反作用力的关系！

我们现在使用的桥不少是在古代建成的，其中不乏我们常见的拱形桥。乍一看没有特别支撑点的拱形桥，究竟是什么让它抵过千百年的风霜呢？（图1）

我们首先来关注一下修建拱形桥的石块，就知道为何拱形桥的横截面是梯形的了，而这个梯形的横截面正是拱形桥的精髓所在。石块由于自身重力有向下掉落的趋势，但因相邻石块也均为梯形形状，具有将石块自身向下的重力进行分解抵消的作用。也就是说，石块向下掉落的力，即重力，被相邻两块石头压迫施加的力A和力B分解了（图2）。

"**压迫力**"这一词，在物理学中被称为**作用力**，"**受到压迫力**"被称为**反作用力**。在石拱桥中，每一块石头都挤压着相邻的石头，产生反作用力，并借助反作用力来支撑自身重力。就这样，石头相互挤压的结果使得地面支撑着石桥，并保持稳定。由于反作用力，石头具有较强的压缩力，不会轻易变形。拱形的构造使石头的重力向左右两端分解，再加上石头自身的重量，各部分合在一起互相支撑，处于一种稳定状态。

拱形桥的构造原理，在现代也常被使用，比如人们设计隧道时就沿用了这一原理。隧道建造原理和桥一样，通过将上方的重力转移到两端，产生反作用力来维持石块稳定，隧道就不会坍塌。

从两侧的石头获取<u>反作用力</u>来保持自身平衡

▶ 千年屹立不倒的石拱桥（图1）

看上去没有特别支撑点的石拱桥却不会崩塌。

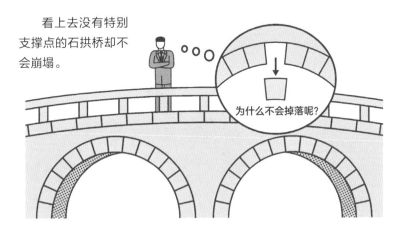

为什么不会掉落呢？

▶ 梯形石块间存在作用力和反作用力（图2）

石块呈梯形，通过挤压两侧的石头产生反作用力来支撑自身重量。拱形结构能够分散自身重量，最终将重量传到桥的两端。

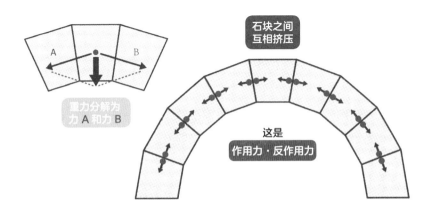

重力分解为力 A 和力 B

石块之间互相挤压

这是

作用力·反作用力

能否建造一座连接日本和美国的大桥？

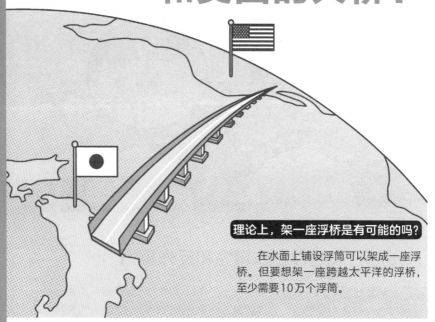

理论上，架一座浮桥是有可能的吗？

在水面上铺设浮筒可以架成一座浮桥。但要想架一座跨越太平洋的浮桥，至少需要10万个浮筒。

人们能不能建一座跨越太平洋连接日美两国的大桥呢？日本和美国之间的**距离约为8800千米**，即使以时速100千米的速度昼夜不停地驾车，也需要花3天16小时，但如果有这么一座大桥，也算是十分便利了。

一般来说，长桥适合**斜拉桥**或**悬索**（下图）。简单来说就是先建一座高桥塔，再用从塔上拉起来的电缆吊起桥桁。世界上最长的跨海大桥是全长55千米的港珠澳大桥，它连接了中国广东省珠海市、中国香港和中国澳门，为斜拉桥的典范。

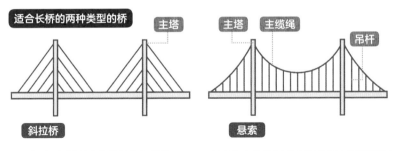

适合长桥的两种类型的桥

主塔

主塔　主缆绳

吊杆

斜拉桥

利用从主塔斜伸的缆绳吊起桥桁。

悬索

利用从主缆绳垂下来的吊杆来吊起桥桁。

　　要建造斜拉桥，必须建造作为桥轴的桥墩，但是在日本和美国之间的太平洋到处都是几千米的深度，因此在实际操作中，建设桥墩需要花费巨大的金钱和时间成本。实际上，在建造连接海峡的道路时，如果海洋又宽又深，根本就无法建造桥墩，所以人们一般都选择建设隧道。

　　那么建一座**浮桥**怎么样呢？浮桥就是在水面上密集地铺设钢筋混凝土制成的浮舟，然后在此基础上架起一座桥。

　　世界上最长的浮桥是连接美国华盛顿湖东西两侧、全长2350米的SR520桥，铺设浮舟的总面积几乎有23个足球场那么大。如果按照这个预想去架起一座跨越太平洋的桥梁的话，**至少需要铺设数十万个浮舟**。

　　当然，通过计算我们能够得出数据并实施，但是在实际操作中，工人们可能经常会遇到大风和海浪等一些不可避免的海洋自然现象，建设起来十分困难。另外，即使建设好了，桥也无法在变幻莫测的自然条件下保持自身结构的稳定。

　　所以说，从日本去美国的话还是选择坐飞机或者乘船渡海的方式比较好。

生活中的疑惑与物理知识 **第1章**

13 火箭是怎么飞到宇宙中的？

 利用作用力与反作用力的原理飞行，通过减轻机体重量实现加速！

　　承载着人类的愿景，能够奔赴遥远宇宙的火箭，其运行机制究竟是什么呢？

　　火箭通过喷射强大的热气流，利用产生的反作用力向前运动。这里，我们需要了解**作用力**和**反作用力**（第26页）这两个概念。

　　火箭在后方喷出强大气体（作用力），得到与其相等大小的反向力量（反作用力），并将其作为向前运动的推动力（第44页图2）。日本JAXA（宇宙航空研究开发机构）制造的H-ⅡB型火箭的质量约为531吨，它能以脱离地球引力的速度飞行。

　　在学习火箭飞行原理时，我们很容易会联想到生活中常见的气球。吹气球时，我们一边紧捏着吹气口，一边向气球里吹气。这时如果松开手的话，气球就会向后喷出气体从而向前飞行，这就是火箭的飞行原理。

　　关于火箭的飞行原理，我们还需要掌握**火箭的推动力**。我们在观看火箭的发射影像时，会注意到飞行途中有物体从火箭机体上脱落。这其实是放入了大量的**燃料**和**氧化剂**的燃料罐（第45页图4）。火箭为了获得巨大的推动力，必须依靠大量的能够瞬间产生爆发力的燃料，而这些使用之后残留的燃料罐和装载了氧化剂的部分机体，会在火箭飞行期间自行解体脱落。

火箭的机体越轻，其运行速度越快，这一点可以用**动量守恒定律**来解释。物体的动量通过用物体的质量乘以物体的速度来表示。火箭气体喷出的动量，关系如下图所示：

▶ 动量守恒定律（图1）

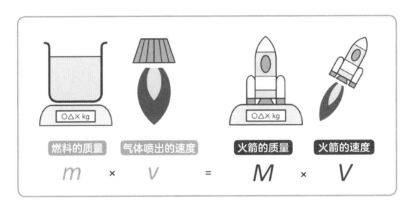

燃料的质量　气体喷出的速度　　火箭的质量　　火箭的速度

$$m \quad \times \quad v \quad = \quad M \quad \times \quad V$$

等号的左右两边，因为是作用力和反作用力的关系，所以在数值上是相等的。从这个公式我们可以得出：M越大，V就越小；M越小，V就越大。也就是说，火箭通过向后喷出气体来获得动量，再通过减少自身重量来获取更大的速度。如果火箭朝着正确方向飞行，**且秒速能达到7.9千米以上的话，就可以绕着贴近地球表面的轨道飞行**（第18页）。若秒速能达到11.2千米以上，火箭就能摆脱地球对它的引力，飞出轨道。

顺便提一句，我们在观看火箭发射的场景时，会发现火箭好像不是朝着正上方飞行而是横向飞行的。这是因为火箭是向地球自转的方向发射的，也就是朝着东方发射的。借助于地球的自转，火箭获得了飞行的初速度（第44页图3）。

火箭的飞行借助于作用力和反作用力

▶ 火箭通过向后喷出气体获得推动力（图2）

火箭如同生活中的气球一样，通过向后喷出气体（作用力），从而获得推动力（反作用力），实现飞行。

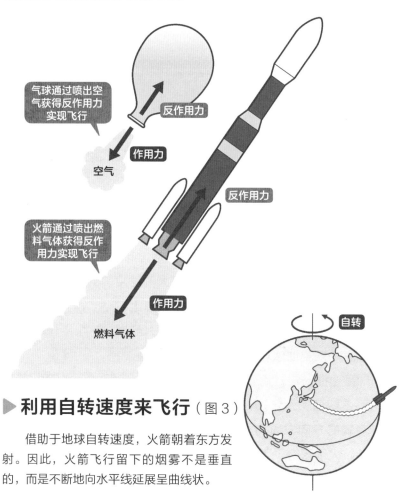

气球通过喷出空气获得反作用力实现飞行

反作用力

作用力

空气

火箭通过喷出燃料气体获得反作用力实现飞行

反作用力

作用力

燃料气体

自转

▶ 利用自转速度来飞行（图3）

借助于地球自转速度，火箭朝着东方发射。因此，火箭飞行留下的烟雾不是垂直的，而是不断地向水平线延展呈曲线状。

直升机使用<u>两个螺旋桨</u>实现飞行

▶ 直升机有两个螺旋桨（图1）

主旋翼的旋转产生了升力和反作用力，使机体能够升空，后方的尾翼使机体保持平稳状态。

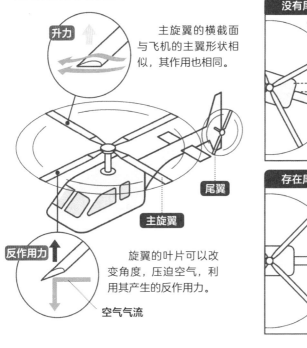

升力

主旋翼的横截面与飞机的主翼形状相似，其作用也相同。

尾翼

主旋翼

反作用力

旋翼的叶片可以改变角度，压迫空气，利用其产生的反作用力。

空气气流

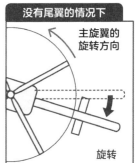

没有尾翼的情况下

主旋翼的旋转方向

旋转

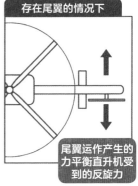

存在尾翼的情况下

尾翼运作产生的力平衡直升机受到的反旋力

▶ 直升机改变方向时需要带动整个机体（图2）

机体连同主旋翼同时倾斜，向各个方向移动。

前进

上升

下降

后退

生活中的疑惑与物理知识 **第1章**

戴上竹蜻蜓去飞吧!

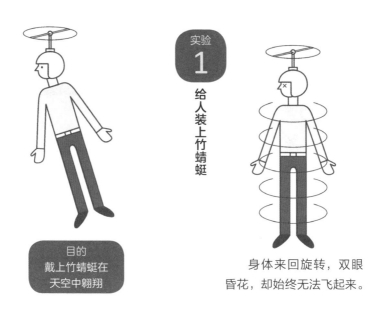

实验
1

给人装上竹蜻蜓

目的
戴上竹蜻蜓在
天空中翱翔

身体来回旋转,双眼
昏花,却始终无法飞起来。

在头顶等部位安装上竹蜻蜓,自由地在空中飞行,这大概是每个人都曾有过的梦想吧!从物理学的角度出发,这种充满魔力的道具真能将我们的梦想实现吗?

参考直升机的构造模型(第46页),我们能否在人的**头顶上装置一个螺旋桨**,让它带动人飞行呢?如果这样操作的话,头顶的旋转力会带动身体一起旋转,眼睛也会同时转动,引起身体不适。此外,这时的人还会呈现出一副上吊的姿势,这是非常危险的。

那么,如果像直升机一样**安装尾翼**可以吗?这样人就能和直升机一样控制运动状态了。可是这样进行的话,上吊的姿势依

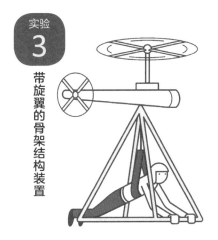

实验 2

给人装上尾翼

靠脖子来负担整个人
的体重是非常危险的。

实验 3

带旋翼的骨架结构装置

身体无须转动，颈部也毫无负
担，但其实算是一种单人直升机。

然无法得以改变，而且整个人的体重都要依靠脖子来负担，会
给颈部造成非常大的负担。人的颈部很难通过锻炼得到提升，
况且即使通过训练锻炼出了肌肉，单凭脖子吊着自己的身体，
也实在是说不通。

为了消除这种旋转、吊颈的状态，**我们只能模仿滑翔机，制
造一种配备了主旋翼的骨架结构装置，**以此避免装置对人的身
体造成负担。在骨架的顶部安装主旋翼，同时在侧面也必须安
装尾翼来抵消骨架主旋翼产生的力量。

做到这样就可以在空中飞行了，但其实这已经算是一种单人
直升机了。

生活中的疑惑与物理知识 **第1章**

15 坐飞机的时候为什么耳朵会疼？

原来如此！ 由于气压的急速下降，导致鼓室内外气压失衡，鼓膜内侧的空气会压迫鼓膜。

在天气预报中，我们经常会听到"**气压**"这个词。气压是指**大气产生的压力**。地面上的所有物体都以每平方厘米约1千克的压力（等于1个标准大气压）被挤压。为什么我们的身体受到这种压力却能保持毫发无损呢？原因是**我们体内也会以同样的1个标准大气压向外进行推挤**（图1）。

空气越往高处越稀薄，气压也就越低。例如，在喷气式飞机飞行高度约1万米的地方，气压约为0.2个标准大气压。飞机上的气压经过调整，一般保持在0.8个大气压，以此来缓解固有的气压差。但尽管如此，这时的气压依然较低，大约与富士山五合目（休闲平台，海拔2306米）高度的气压一样。

耳朵的鼓膜内侧连接着鼻子和喉咙，存在一定的空间。如果这一部分的气压高于鼓膜的外侧，**里面的空气就会从内侧压迫鼓膜**，使人产生疼痛感（图2）。

这种情况下，打个哈欠就能消除疼痛感。打哈欠的时候，连接耳朵内部和鼻子深处的**咽鼓管**会打开，耳内的空气会流出来，同时鼓膜内侧的气压也会降低。

另外，从水压较高的深海里打捞鱼，鱼的内脏会发生爆炸，也是同样的道理。因为地面上的气压比海底低，所以鱼体内的内脏会向外扩张，就会发生这样的现象。

人体内以 1 个标准大气压的压强向外压

▶ 如果外部大气压变低，体内气压就会变高（图1）

陆地上气压为1个标准大气压，而飞机上的气压为0.8个标准大气压。此时人体体内的压力增大。

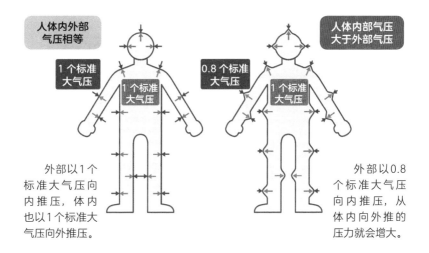

人体内外部气压相等

1 个标准大气压

1 个标准大气压

外部以1个标准大气压向内推压，体内也以1个标准大气压向外推压。

人体内部气压大于外部气压

0.8 个标准大气压

1 个标准大气压

外部以0.8个标准大气压向内推压，从体内向外推的压力就会增大。

▶ 鼓膜受到耳内气流挤压（图2）

耳朵外侧气压快速降低时，耳内气压呈现高气压状态，因此耳朵会有疼痛感。

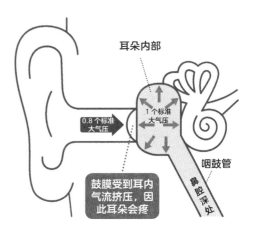

耳朵内部

0.8 个标准大气压

1 个标准大气压

咽鼓管

鼻腔深处

鼓膜受到耳内气流挤压，因此耳朵会疼

生活中的疑惑与物理知识 **第1章**

16 什么是潜水病？潜水病又是怎么引起的？

人潜入水底，气体会融入人的血液里，引发氮麻醉、减压症等疾病。

潜水病是指人用自携式水下呼吸器潜水时，由于压力的变化而引起的疾病。其种类可分为深潜时易发生的**氮麻醉**和浮上水面时易发生的**减压症**（下图）。

气体具有**压强越大，在液体中的溶解度越大**的特性。比如碳酸饮料，就是在高压条件下，将大量的二氧化碳溶于水中制作而成的。打开饮料瓶盖时，二氧化碳的气泡之所以会不断地冒出来，是因为打开盖子后气压降低，未能溶于水的二氧化碳气体跑出瓶外了。

潜水时周围水压变高，多种气体会溶于人的血液中。潜水员背着的潜水罐里，装有约80%的氮气和约20%的氧气。**氮气大量溶于血液中，会导致人的思考能力和运动能力变得迟钝，**这就是所谓的氮麻醉。

相反，如果潜水员长时间在压力高的水中，又突然浮到水面附近，会发生什么状况呢？此刻，**血液中溶解的气体会变成气泡冒出，**和打开碳酸饮料的瓶盖会冒出气泡的原理是一样的，这就是减压症。不但如此，这些气泡还会堵塞血管，危害健康。

不管是哪一种疾病，都是由于压力的急剧变化而引发的，因此让身体逐渐适应周围的压力是非常重要的。

压强增大，气体在液体中的溶解度也会增大

▶ 氮麻醉与减压症

对于气体而言，压强越大，它在液体中的溶解度越大。压强急剧上升，氮气大量溶解于血液中，会诱发氮麻醉病症。压强急剧下降，血液中释放出气体，则会诱发减压症。

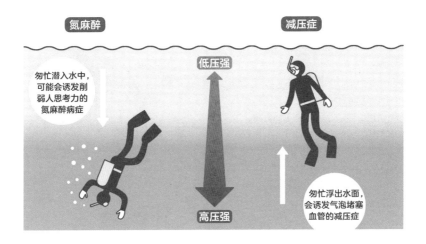

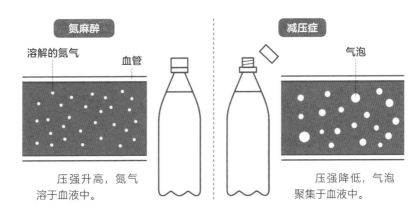

压强升高，氮气溶于血液中。

压强降低，气泡聚集于血液中。

生活中的疑惑与物理知识 第1章

Q 人类可以潜入深海 200 米吗？

> 能实现 〉 或 〉 不能实现 〉 或 〉 能到更深
> 的地方！

闭气潜水是指在不利用潜水器等呼吸器材的情况下进行潜水活动。海洋从200米深度以下的海域，被称为几乎没有光照的深海区域。那么，人类到底能不能下潜到这样的深海中呢？

在水中，水施加的压力用**水压**来表示。在100米深的地方，物体会受到来自周围每1平方厘米约11千克的力的挤压。没有受过专业训练的人，大概潜水到2米处，耳朵就会有疼痛感，而且还有可能会得**潜水病**（第52页）。

即使我们把吸入的气完全呼出来，最多也只能呼出进入肺部

由于复冰现象形成的水膜使人脚滑

▶水膜会让人的脚打滑（图1）

人踩在冰面上，由于压力，冰面上会形成一层薄薄的水膜，导致摩擦力变小，而且液体的水无法保持形状，容易让人滑倒。

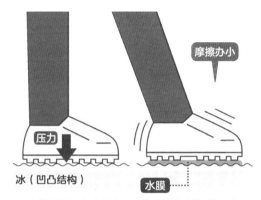

凹凸相间的结构，导致摩擦力较大，且地面为固体，能够保持形状，因此不会滑倒。

冰的摩擦力本来就小，再加上外部施加的压力，表面的冰就会变成水，且水无法一直保持形状，容易导致脚滑。

▶冰壶也利用水膜来减小摩擦力（图2）

在冰壶比赛中，冰面上的小冰碴儿在砥石的压力下瞬间变成水，减小了摩擦力，让冰壶在冰面上滑行。

生活中的疑惑与物理知识 第1章

18 花样滑冰运动员为什么能高速旋转？

根据角动量守恒定律，如果运动员收拢手臂，他的身体旋转的速度就会更快！

花样滑冰运动员可以不停地旋转，让人忍不住担心他们的眼睛能否跟得上身体的旋转。不过运动员们究竟是怎么旋转身体的呢？

运动员们之所以能够持续旋转，是因为冰鞋上的冰刀与冰之间的**摩擦非常小**。摩擦较小，**旋转的动量（质量×角速度×手臂长度）**就可以一直保持不变（**角动量守恒定律**）。也就是说，只要开始比赛时用力踏一脚，选手就能够几乎原地不动地持续旋转。

另外，在花样滑冰中有这么一种表演：运动员一开始缓缓旋转，然后加快速度，最后高速旋转。角动量用公式表示：**角动量＝质量×旋转半径^2×角速度**。在这个公式中，即使角速度和旋转半径发生改变，角动量也不会发生变化。

也就是说，选手刚开始展开手臂旋转，中途收拢了手臂。此时**虽然旋转半径变小，但由于角动量不变**，所以旋转速度加快了。假设旋转半径是原来的四分之一，那么它的旋转速度可以达到原来的16倍。

如此一来，高速自转就产生了。

如果旋转半径减小，旋转速度就会加快

▶ 花样滑冰中的旋转

根据角动量守恒定律，从手臂展开到手臂收拢，运动员的旋转半径变小，旋转速度加快。

角动量 = 质量 × 旋转半径^2 × 角速度

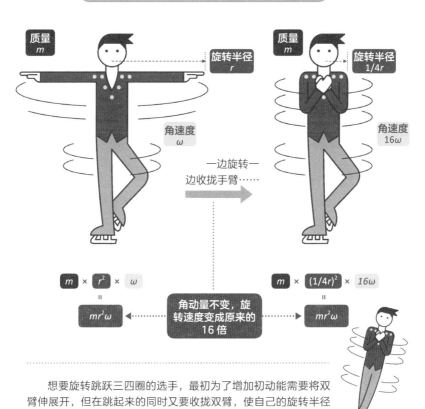

想要旋转跳跃三四圈的选手，最初为了增加初动能需要将双臂伸展开，但在跳起来的同时又要收拢双臂，使自己的旋转半径变小。这样一来，运动员就能在空中完成更多次的旋转。

生活中的疑惑与物理知识 第**1**章

19 为什么用水泵能把水抽上来？

 根据虹吸原理，可以利用液面的高低差让液体流动。

只要按下泵，就能把液体吸上来，还能转移到别的地方。虽然现在这样的场景比较少见，但是在往煤油暖炉里转移煤油时，还是经常能看到。这个泵究竟是一种怎样的结构呢？

我们就以煤油转移为例来看看吧。将泵放置在塑料桶的煤油中，保证煤油的液面高于火炉槽中煤油的液面。多按几次泵后，管子里就会充满煤油，然后煤油就会自动地从塑料桶流向暖炉槽。

这是利用了**虹吸原理**。如果连接两个容器的管道中充满了液体的话，无论中间部分有多高，**液体总会从液面高的一方向液面低的一方流动**。虽然液体可以自由改变形状，但是由于分子之间会相互吸引，所以在 b 管中的部分越重，就越能够保证液体持续流动（图1）。

在从大水槽或者水池中抽水时，也利用了虹吸原理。另外，虹吸原理还被运用到冲水厕所的排水系统中。排便后通过控制杆操作，能积攒大量的水，同时管中也积满了水，这时便能发挥虹吸原理的作用了（图2）。

容器间的管道无论多高，液体都能实现流动

▶ 虹吸原理（图1）

　　液体从液面高的一方流向液面低的一方，直到液面高度相同为止。

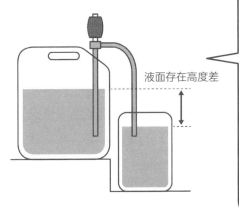

液面存在高度差

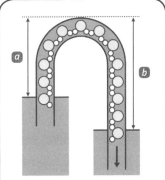

假设从液面高的一方到管道最高点的距离为 a，从液面低的一方到管道最高点的距离为 b，由于 b 比 a 体积更大、质量更重，因此水会被 b 拖着往下"掉"。

▶ 冲水厕所的原理

（图2）

　　在冲水厕所里，按下按钮放水，此时排水管内也会充满水，利用虹吸原理将马桶内的水全部吸引出去。

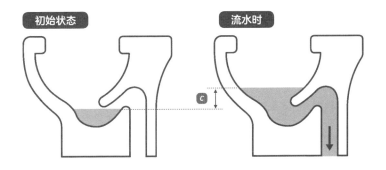

初始状态　　　流水时

若排水管装满了水，即可利用虹吸原理，排出 c 的高度。

20 为什么汤碗的盖子很难打开？

 因为热膨胀使碗内的气压下降，碗被外界施加了压力。

把汤汁盛在带盖的碗里，本想过一会儿再喝，但真要喝的时候碗盖却很难打开。你有过这样的经历吗？

气体加热后会膨胀，体积就会增加；冷却后会收缩，体积就会减少，这种现象被称为热膨胀。盖子之所以无法打开，就与热膨胀有关。

滚烫的汤汁会随着时间慢慢地变凉，汤碗里的气体（空气和蒸气）也会一起变冷。气体变冷后体积减小，气压就会下降。**汤碗里的气压低于1个标准大气压，而外部气压依然是1个标准大气压，**因此碗盖会从外界受到压力（第50页）。所以碗盖才会紧紧地关着，很难打开（图1）。

除此之外，你见过汤碗从桌子上滑下去的情形吗？这是空气膨胀逆运用引起的现象。很多碗的底部都有一个圆形的底圈儿。这个底圈儿和接触面之间有水的话，水会正好堵住碗和接触面之间的缝隙。这时，底圈儿内部的空气会因汤汁的热度而发生膨胀，膨胀的空气会使汤碗上升，因此汤碗和桌子之间的摩擦力会减少。所以，只要有一点儿机会，汤碗就会从桌子上滑下来（图2）。

热膨胀导致碗内空气体积发生变化

▶碗内汤汁变冷之后，碗内外气压就会失衡（图1）

碗内汤汁热的时候，碗内气压和碗外气压均为1个标准大气压，但汤汁冷却后，碗里的气压就会下降，碗盖会被外面的大气压压得难以打开。

烹饪刚完成的时候

碗外
一个标准大气压

碗内
一个标准大气压

刚烹饪完成的时候，碗内外气压平衡。

汤汁冷却之后

碗外不足
一个标准大气压

碗内
一个标准大气压

碗内气压减小，碗盖难以打开。

▶加热且膨胀的空气使碗滑动（图2）

碗底被水浸湿的话，碗底圈儿内侧的空气因为受热而膨胀起来，能够把碗"抬"起来。这样的话，碗和桌子之间的摩擦力就会变小，用一点儿力就足以让碗摔下去。

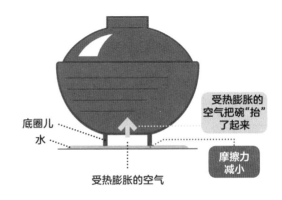

底圈儿

水

受热膨胀的空气

受热膨胀的空气把碗"抬"了起来

摩擦力减小

生活中的疑惑与物理知识 **第1章**

21 和一般的鞋相比，为什么被高跟鞋踩会更疼？

 由于力的集中与分散的原因，受力面积不同，施加在物体上的力也会不同。

你是否在拥挤的电车里被穿着高跟鞋的人踩过脚？据经历过的人说，被踩到的那一瞬间剧痛无比，甚至好像有人都因此骨折了。为什么高跟鞋会有如此强烈的冲击力呢？这与**力量的集中和分散**有关。

高跟鞋鞋跟部分的面积是2平方厘米左右，也就是通常说的细跟。假设有一位体重50千克的女性穿着它，将体重都压在一只脚上，而且有一半的体重压在鞋跟上，那么鞋跟每1平方厘米就有12.5千克重，这相当于一台宽50厘米左右的微波炉的重量。那么你可以想象一下微波炉的一个角朝下，然后砸在脚背上的情形（图1）。

还有一个例子，6吨重的非洲象，一只脚的大小约为1000平方厘米。被非洲象踩到的力量每1平方厘米为1.5千克，这好比把1.5升的塑料瓶放进嘴里（图2）。

这两个例子相比，高跟鞋踩到人似乎会让人更疼。原因在于高跟鞋鞋跟受力部分的面积比非洲象的脚小。**施加在物体上的力，会随着接触面积而分散。**像高跟鞋鞋跟这样接触面积小的物体，力量无法分散，就会让人更疼。

在接触面积上，力会集中或分散

▶高跟鞋鞋跟的力量（图1）

50kg体重的一半重量（25kg）压在2cm²的脚后跟上时，每1cm²施加了12.5kg的力。

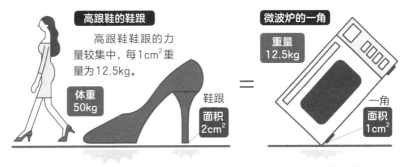

高跟鞋的鞋跟

高跟鞋鞋跟的力量较集中，每1cm²重量为12.5kg。

体重 50kg

鞋跟 面积 2cm²

微波炉的一角

重量 12.5kg

一角 面积 1cm²

25kg　　　25kg

12.5kg　　这和把12.5kg重的微波炉一角朝下砸下来产生的力量一样大。

▶非洲象脚的力量（图2）

6吨（6000kg重）体重的四分之一的重量压在1000cm²的脚上时，每1cm²施加了1.5kg的力。

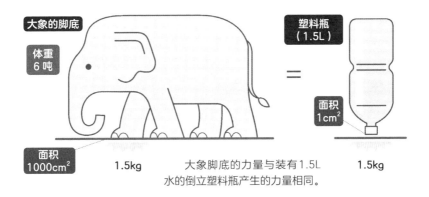

大象的脚底

体重 6吨

塑料瓶（1.5L）

面积 1cm²

面积 1000cm²

1.5kg　　大象脚底的力量与装有1.5L水的倒立塑料瓶产生的力量相同。　　1.5kg

22 为什么电线杆里是空的？

表示物体强度的截面系数，不会因为物体是中空的而发生改变。

　　道路两边的电线杆里面通常是空的，电线杆呈圆形管道状。可是为什么电线杆里面是空的呢？原来，里面塞满混凝土的电线杆和中空的电线杆，它们在抗弯曲强度方面没有太大的区别。**弯曲力的强度和阻力被称为截面系数**。另外，里面塞满东西的圆柱叫作**实心材料**，里面没有东西的管道叫作**空心材料**。实心材料和空心材料的截面系数分别由以下公式求出。

- 实心材料（圆柱）的截面系数
$$z_1 = \frac{\pi}{32} \, 直径^3$$

- 空心材料（管道）的截面系数
$$z_2 = \frac{\pi}{32} \times \frac{外径^4 - 内径^4}{外径}$$

　　我们现在有一个实心材料和一个空心材料，实心材料的直径与空心材料的内径相等，且空心材料的厚度约为内径长度的10%。通过比较两者的截面系数，我们可以得到$z_1 : z_2 = 1 : 0.89$，空心材料的弯曲强度约为实心材料的90%。在这种情况下，**实心材料和空心材料的抗弯曲强度**可以说几乎相同（图1）。

　　强度不变的原因是，像电线杆一样的圆柱体在被弯曲时，圆柱体被弯曲部分的外侧受到拉扯，内侧受到挤压，但圆柱的中心部分既不受拉扯也不受挤压（图2）。也就是说，**抗弯曲强度不会受到中心部分的影响**。

无论内部实心与否，
两种材料的<u>截面系数</u>几乎相同

▶抗弯曲强度几乎没有差异（图1）

无论是实心材料（内部塞满东西），还是中空材料（形状为管道状），抗弯曲的强度都没有太大的差异。

实心材料的直径与空心材料的内径长度相等。

$d_1 = d$

空心材料的厚度为内径的10%。

$d_2 = 1.2d$

利用以上数据比较两者的截面系数

$Z_1 : Z_2 = 1 : 0.89$

实心材料的截面系数

直径 d

$$Z_1 = \frac{\pi}{32} d^3$$

空心材料的截面系数

内径 d_1

外径 d_2

$$Z_2 = \frac{\pi}{32} \times \frac{d_2^{\,4} - d_1^{\,4}}{d_2}$$

▶中心部分不易受到弯曲的影响（图2）

把实心材料的圆柱弯曲，其中心部分既不受拉扯也不受挤压。因此，即使把中心部分变成空洞，抗弯曲强度也不会发生太大的变化。

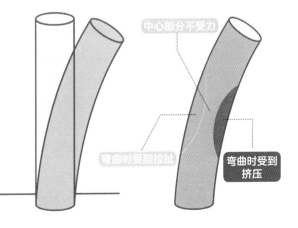

中心部分不受力

弯曲时受到拉扯

弯曲时受到挤压

生活中的疑惑与物理知识 **第1章**

23 下雨天有时会打雷，这是什么原理？

雷电是由静电释放的巨大的放电反应，由冰和霰互相摩擦产生！

"雷电是什么？"这一自古以来人类的谜团，现在被普遍认为是**"静电的放电反应"**。

衣服间相互摩擦使得我们身上会积聚一定量的静电，在我们接触到门把手的时候，静电会唰地释放出来。这就是我们生活中常见的静电。如果说雷电是静电的话，那到底是什么在相互摩擦呢？

答案是**冰和霰**。经常引发雷电的积雨云是由冰晶和水颗粒组成的。由于有强烈的上升气流，地面上的水分在高空冷却后能形成积雨云。积雨云中的冰晶在水蒸气的作用下体积增大，变成大颗粒的霰，然后开始缓缓掉落。这时，霰会与其他上升的细小冰晶以及水颗粒相互摩擦产生电，**使细小的冰晶与水颗粒带上正电荷，霰带上负电荷。**由于较重的霰堆积在云的下方，所以云下方的负电荷粒子会持续囤积。与此同时，地面在云层的负电压作用下感应起电，带上正电荷。

就这样，正、负电荷不断积累，不一会儿就无法保持稳定状态了。这时，云层的负电荷瞬间向地面流动，形成了雷电。当强大的电流穿透大气层时，被电流穿过的那部分空气会瞬间产生1万摄氏度以上的高温，并且迅速膨胀，发出巨大的雷鸣声。

上升气流产生的浮力使水滴飘浮起来

▶ 云的形成过程

地面上的暖空气上升，空气中的水蒸气在空中冷却，变成水滴或冰晶。这些小水滴或小冰晶被上升气流向上推，难以掉落。

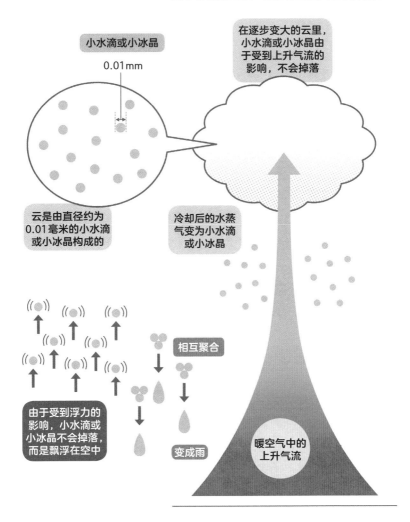

小水滴或小冰晶

0.01mm

在逐步变大的云里，小水滴或小冰晶由于受到上升气流的影响，不会掉落

云是由直径约为0.01毫米的小水滴或小冰晶构成的

冷却后的水蒸气变为小水滴或小冰晶

相互聚合

由于受到浮力的影响，小水滴或小冰晶不会掉落，而是飘浮在空中

变成雨

暖空气中的上升气流

生活中的疑惑与物理知识 第1章

Q 同时扔下铁球和高尔夫球，哪个先到达地面？

铁 球 或 高尔夫球 或 同时到达

和高尔夫球相比，铁球要重得多。如果我们把脱脂棉、气球这种中间没有填充物的物体扔下来，它们会缓缓地飘落到地上，但如果把铁球和高尔夫球拿来比的话，会是什么结果呢？到底哪个更快？还是会两个球同时落地呢？

古希腊哲学家亚里士多德曾说："**越重的东西下落得越快**。"当时，人们对他的话深信不疑。到了16世纪，被誉为近代科学之父的伽利略对此提出了异议。

伽利略认为亚里士多德的这个想法是错误的。他想：如果把两个木球绑在一起抛出去，同时把一个木球抛出，它们的落地速度会不同吗？他认为，如果把两个木球绑在一起，球的重量会增加一倍，但这样并不会让球更快地下落。

伽利略在公众面前演示了木球和铁球落地的场景，结果两个球同时落地，向人们说明了亚里士多德的想法是错误的。

那么，本题的正确答案就是"同时到达地面"吗？在这里，我们还需要进一步考虑实际情况。实际上，伽利略的实验经过现代技术精密测量之后得出的结论是：铁球比木球下落得更快。脱脂棉和气球之所以会缓慢掉落，是受到了空气阻力的影响。虽然木球和铁球受到阻力的情形不像气球那么明显，但依然会受**空气阻力**的影响。在这个实验中，较轻的木球会受到空气的阻挡，减缓它的下落速度（右图）。

从高处向地面上扔东西

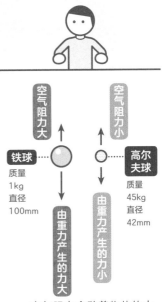

空气阻力会随着物体的大小和形状而变化，因此体积较大的铁球受到的阻力更大。由重力产生的向下的力随物体的重量变化，同样也是铁球受到的重力更大。

因此，如果同时扔铁球和高尔夫球，哪个先到达地面？正确答案是"铁球"。

虽然伽利略提出了**自由落体定律**，指出物体的下落速度与其自身重量无关，但这条定律只适用于没有空气阻力的条件下。

不擅长人际交往的伟大物理学家、数学家

艾萨克·牛顿

（1643—1727）

天才科学家牛顿的童年并不幸福。在牛顿出生前3个月，他的父亲去世了。母亲在牛顿出生后，又和别的男人结了婚，抛下了牛顿离家出走。牛顿从出生开始就被祖母抚养，渐渐成长为一个胆小内向的孩子。但是有一天，牛顿因为自制的水车模型被人弄坏而勃然大怒，他和那个弄坏模型的小孩发生了平生的第一次争吵，而且还争论赢了对方。自此，充满自信的牛顿成绩直线上升，最终进入了著名的剑桥大学。

牛顿在图书馆里从破旧的数学书开始依次阅读，认真理解书上所有的内容，为他今后在物理学方面做出贡献打下了坚实的基础。但是牛顿依旧性格内向，不喜欢与人交谈讨论，于是他始终独自一人钻研学问。

在牛顿23岁的时候，伦敦爆发了鼠疫，无奈之下牛顿只好回到老家。在家乡一年半的时间里，他总结出了不少物理学的基本定律，如运动定律（力学）、波和光的性质、万有引力定律等。但牛顿回到大学后并没有公开这些研究，而是自己一个人将定律整理成数学公式。

在牛顿42岁那年，天文学家哈雷得知牛顿能够计算出行星的轨道后大吃一惊，他极力劝说牛顿公开自己的研究成果。牛顿终于出版了《自然哲学的数学原理》这一名著，并且建立了牛顿力学。

第 2 章

浩瀚无垠的
物理世界

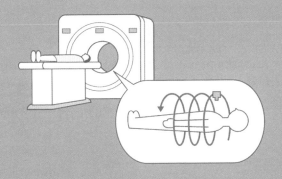

从日常接触的声、光、磁再到浩瀚无垠的宇宙,
物理的世界无穷无尽。
从探究天空呈现蓝色的原因、宇宙的构造再到温度计的结构,
让我们一起来探索广阔的物理世界吧!

25 为什么双筒望远镜能看得见远处的物体？

 用**物镜和目镜**这两个镜头放大就能看到！

在进行鸟类观察和观看现场比赛时必不可少的双筒望远镜，究竟是怎样的构造呢？

双筒望远镜是由**两个倍率较低的小型望远镜**组成的。

望远镜有**折射式**和**反射式**两种，双筒望远镜属于折射式望远镜。折射式望远镜是由两个镜头组合而成的，从制造结构方面分为**伽利略式**和**开普勒式**（图1）。一般的双筒望远镜大多属于开普勒式。开普勒式望远镜用目镜放大由物镜形成的像，并使物镜形成的像上下颠倒。它和放大镜一样能放大物体，所以远处的物体也能看清。但是，眼睛看到的像也颠倒（**倒立像**）了。所以双筒望远镜在**物镜**和**目镜**之间夹着棱镜（用透明玻璃制成的光学部件），**将像的上下颠倒过来，变成正立像**（图2）。

双筒望远镜上印着类似"8×30"这样的数字，8指的是倍率，30指的是物镜的口径（直径），单位是毫米。镜片的口径越小越方便携带，但口径越大成像越清晰。倍率越高，成像就越容易偏移，所以通常8倍左右就足够了。

物镜的像通过目镜放大

▶双筒望远镜中，折射式望远镜的原理（图1）

折射式望远镜的成像原理是把物镜形成的像通过目镜来放大。

伽利略式望远镜

由凸透镜和凹透镜组合而成的望远镜。

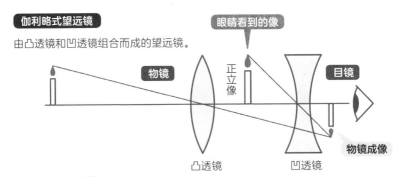

开普勒式望远镜

由2个凸透镜组合而成的望远镜。

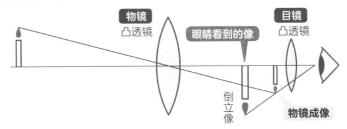

▶双筒望远镜（图2）

由于开普勒式望远镜显示的是倒立像，所以用棱镜改变光路，将像倒立变成正立像。这种类型的望远镜叫作"保罗棱镜式望远镜"。

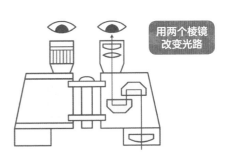

用两个棱镜改变光路

浩瀚无垠的物理世界 **第2章**

26 望远镜能看多远?

原来如此! 用**反射式望远镜**能看得更远，甚至能看到130亿光年外的星系!

使用望远镜可以看到遥远的天体。在天体观测中使用的望远镜大多是**反射式望远镜**，因为使用圆形的镜片能更好地收集天体发出的光（图1）。

日本国家天文台的**昴星团望远镜**位于美国夏威夷，它被认为是具有世界最高性能的望远镜之一。它甚至能分辨出距离东京约100千米的富士山顶上的2个网球。虽说如此，但是在天气晴朗、空气却被污染的大城市周围，任何高性能望远镜都无法发挥它的实力。因为空气会遮挡或扭曲天体发出的光，所以在上方空气稀薄的高山上更有利于观测。因此，日本国家天文台在夏威夷冒纳凯阿山的顶部（海拔4205米）安装了昴星团望远镜，并且发现了130亿光年外的星系。

从安装望远镜的地点来看，没有空气的宇宙比地面上的高山还要有利。位于宇宙空间的**哈勃空间望远镜**，也发现了130亿光年外的星系。望远镜不仅能观测到可视光，还能观测到红外线、紫外线、电波和伽马射线等。现代天文学家通过分析这些信息，发现了黑洞等各种天体。

由于**1光年是指光经过1年时间到达的距离**，所以130亿光年外的星系，意味着它的光是在130亿年前发射的，到达了现在的地球。也就是说，哈勃望远镜正在观察130亿年前宇宙的形态。

我们再看一下宇宙的年龄。宇宙是在约138亿年前的**宇宙大爆炸**中诞生的（第200页）。这意味着在138亿年前宇宙并不存在。因此，即使有高性能的望远镜，也无法观测到比138亿光年更远的宇宙。

到主要天体的距离 光到达所需要的时间

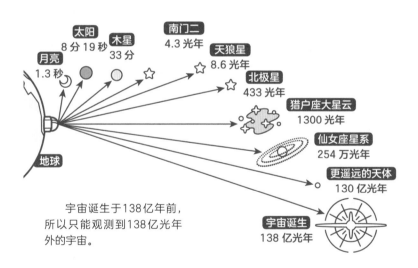

宇宙诞生于138亿年前，
所以只能观测到138亿光年
外的宇宙。

综上所述，答案是"看不见200亿光年外的宇宙"。如果观测技术进一步发展，观测距离能够接近138亿光年，那么离解开宇宙究竟是怎样诞生的谜团就越来越近了。

浩瀚无垠的物理世界 **第2章**

27 为什么地球会旋转？

 因为**地球诞生**时产生的**旋转力**在**牛顿第一运动定律**的作用下依然存在！

地球旋转分为围绕太阳旋转1年的**公转**和沿着地轴自行旋转24小时的**自转**两种。地球诞生于约46亿年前。那么地球的公转和自转是从什么时候开始的呢？

事实上，地球的公转和自转与包括地球在内的太阳系的诞生有关。约46亿年前，宇宙中飘浮的气体分子和尘埃聚集在一起，然后通过重力相互吸引，逐渐汇聚缩小。因为紧缩就会发热，所以中心部处于高温高压状态，这样就形成了太阳这颗恒星。

由高温气体和尘埃形成的球体在太阳周围像旋涡一样旋转环绕着。随着时间的流逝，球体冷却，形成了许多坚硬的岩石，相互碰撞、结合，渐渐地形成了巨大的球体。地球就是这样形成的。**地球诞生于围绕太阳旋转的气体和尘埃。因为那时的旋转直到现在还在继续，**所以地球会公转，**同时也向着和公转相同的方向自转。**

再加上宇宙是真空的，所以依照**牛顿第一运动定律**（第10页）：只要物体不受其他力的影响就会持续运动。因此，地球在出生46亿年后的今天，仍在继续公转和自转。

地球在开始于 46 亿年前的惯性中旋转

▶ 太阳系的诞生和公转方向

地球等行星的公转和自转的方向，是太阳诞生时聚集的气体旋涡旋转作用的结果。

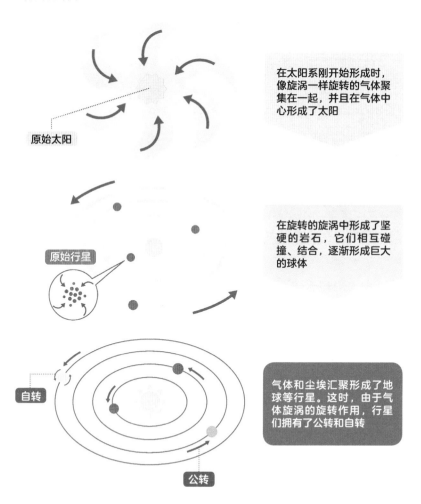

原始太阳

在太阳系刚开始形成时，像旋涡一样旋转的气体聚集在一起，并且在气体中心形成了太阳

原始行星

在旋转的旋涡中形成了坚硬的岩石，它们相互碰撞、结合，逐渐形成巨大的球体

自转

公转

气体和尘埃汇聚形成了地球等行星。这时，由于气体旋涡的旋转作用，行星们拥有了公转和自转

浩瀚无垠的物理世界 **第2章**

28 地球为什么飘浮在宇宙中？

地球受到万有引力和离心力的作用，所以会绕着太阳旋转！

地球的质量约为600万兆吨。这么重的物体为什么还会浮在宇宙空间里呢？想要解开这个谜团，首先要知道**引力**。抛向空中的球不会永远浮在空中，而是会掉落在地上，这是因为球受到来自地心的吸引力。有质量的物体会受到相互吸引的万有引力作用（图1）。虽然**地球和球是相互吸引**的，但由于地球的引力是压倒性的，所以球落到了地面（＝地球的中心）。

有质量的物体都会受到万有引力的作用，也就是说**地球和太阳之间也存在万有引力，所以它们会相互吸引**。

由于太阳施加的力是巨大的，所以地球被太阳吸引着。但是地球没有直接被太阳吸过去，是因为地球围绕太阳旋转时受到了**离心力**的作用（第12页）。因此，在万有引力这一条看不见的纽带影响下，离心力牵引着地球，形成了围绕太阳旋转的状态（图2）。

地球不是静止飘浮在宇宙里，而是**受万有引力和离心力的作用持续移动**。

所有的物体都受引力吸引

▶万有引力是什么？（图1）

所有有质量的物体相互吸引。

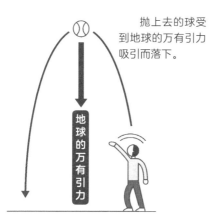

抛上去的球受到地球的万有引力吸引而落下。

地球的万有引力

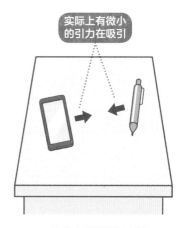

实际上有微小的引力在吸引

物体之间虽然有引力，但是引力太小很难观察到。

▶太阳和地球在相互吸引（图2）

地球不是飘浮在宇宙中的。地球在受太阳的万有引力吸引的同时，围绕着太阳旋转。地球没有被太阳直接吸过去是因为它受到了离心力的作用。

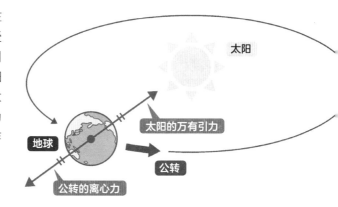

太阳

太阳的万有引力

地球

公转

公转的离心力

29 黑洞究竟是什么？

黑洞**密度高**、**重力大**，看上去像黑色的洞穴，能把地球缩成直径 2 厘米的球体。

相信谁都听说过这样一句话："黑洞能吞噬一切。"但黑洞究竟是什么呢？

黑洞是密度非常高而且重力巨大的黑色天体。比太阳重 30 多倍的恒星最终引起了"**超新星爆发**"的大爆炸，外层崩溃、核心坍塌，形成了黑洞。它的密度能把**地球压缩成直径 2 厘米的球体**。黑洞里面的重力非常大，能吸收周围的任何东西，连光都无法逃脱，所以宇宙中出现了一个黑色的洞，也就是黑洞（图1）。

有的人心中或许会有这样的疑问：不会发光的黑洞为什么会被人们发现呢？黑洞可能会与附近的恒星一起旋转。这时，黑洞会吸引恒星上的气体，产生一个围绕黑洞周边旋转的气体盘，称为**吸积盘**。吸积盘中的气体会被吸入黑洞，这时黑洞边缘的温度会变得非常高，并发射出 X 射线。我们可以**利用 X 射线来推测黑洞的存在**。

用三角测量法和星体亮度来测距

▶近距离星体的测距方法（图1）

可以使用三角测量的原理测量距离较近的星体。事实上，周年视差有一个很小的角度。

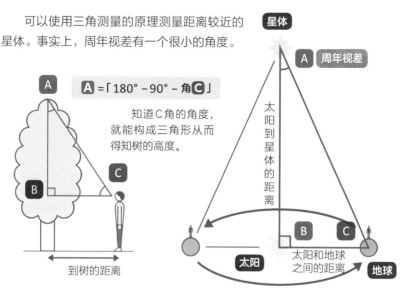

A =「180° - 90° - 角C」

知道C角的角度，就能构成三角形从而得知树的高度。

到树的距离

星体

A 周年视差

太阳到星体的距离

B C

太阳

太阳和地球之间的距离

地球

▶星体的绝对星等和看到的亮度（图2）

如果是同样绝对星等（亮度）的星体，靠近就会显得明亮，远离就会显得暗淡。通过比较绝对星等和看到的亮度，就能知道到星体的距离。

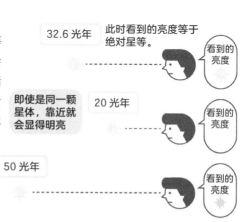

32.6 光年　此时看到的亮度等于绝对星等。

看到的亮度

即使是同一颗星体，靠近就会显得明亮　20 光年

看到的亮度

即使是同一颗星体，远离就会显得暗淡　50 光年

看到的亮度

浩瀚无垠的物理世界 第2章

太阳系外的宇宙

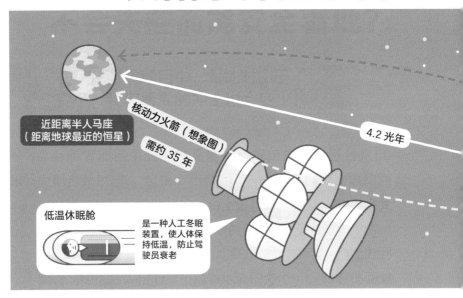

近距离半人马座
（距离地球最近的恒星）

核动力火箭（想象图）

需约 35 年

4.2 光年

低温休眠舱

是一种人工冬眠装置，使人体保持低温，防止驾驶员衰老

飞往远离太阳系的恒星或行星叫作**恒星际旅行（飞行）**，这在科幻世界中很常见，但在现实中未来能否实现呢？

离太阳最近的恒星是比邻星，距离地球约 4.2 光年，大约是从地球到月亮的距离的 1 亿倍。人类制造的最快的飞行器是旅行者 1 号探测器，时速约 6 万千米。即使以这个速度飞行，也需要 7 万多年。

1973 年至 1978 年，英国星际学会以距离地球 5.9 光年的巴纳德星为目标，理论倡导了"**代达罗斯计划**"（无人航天飞行计划）。

声音通过空气的振动传播

▶声音越大传得越远（图1）

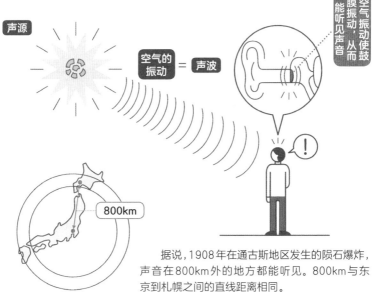

据说，1908年在通古斯地区发生的陨石爆炸，声音在800km外的地方都能听见。800km与东京到札幌之间的直线距离相同。

▶鲸和远处的同伴用次声波对话（图2）

蓝鲸可以用次声波使水产生振动，与几百、几千千米外的同伴进行联络。

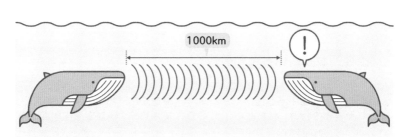

浩瀚无垠的物理世界 第**2**章

32 救护车的汽笛声为什么会有变化？

 因为多普勒效应传入耳中的声音波长会发生变化。

救护车在行驶时发出的"嘀嘟嘀嘟"的鸣笛声，在到达我们身边之前和离开之后听起来不同，这是为什么呢？

声音是由空气振动形成的声波来传播的。当救护车静止时，不管过多久，汽笛声都按照一定的频率鸣笛；不管过多久，音调都可以保持不变，因此声音不会发生变化。

当救护车靠近的时候，汽笛声传入自己耳朵里的时间变短了。如果1秒鸣一次笛，那么把第1次鸣笛和1秒后鸣笛时的距离相比较，救护车离自己更近了。这样一来，**鸣笛声的波长就会变短，音调就会升高**。这种情况会一直持续到救护车来到身边，因此救护车靠近时的汽笛声比它静止时的声音听起来更高。

当救护车驶离时，与靠近时相反，救护车和自己的距离随时间变化越来越远，传入耳朵里的声音的波长变长。**声音的波长越长，音调越低**，所以救护车驶离时的汽笛声听起来比靠近时低。

这种现象就叫作**多普勒效应**。

声音波长的不同会引起听时感觉的变化

▶ 汽笛声的变化

声音是空气振动的波发出的，波长越短音调越高；波长越长音调越低。

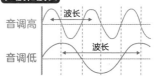

声波和波长

音调高 — 波长

音调低 — 波长

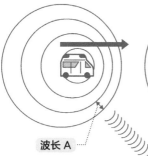

音调高

波长 A
短

波长 B

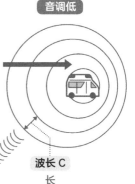

音调低

波长 C
长

靠近时	静止时	远离时
救护车驶近时，声音的波长比静止时更短，听起来音调更高。	救护车静止时，听到声音的波长是固定不变的。	救护车驶远时，声音的波长比静止时更长，听起来音调更低。
波长 A ＜波长 B		波长 B ＜波长 C
音调变高		音调变低

33 夜晚更能听清远处的声音，这是一种错觉吗？

原来如此！ 夜晚时，**地面比天空更冷**，因此声音**近似直线折射**！

在寒冷的夜晚，如果你仔细听，就会听到在远处行驶的车辆的声音。这是因为夜晚很安静，远处的声音不会被噪声盖过，所以可以听到吗？理由不仅仅如此。

夜晚能听到远处的声音，与**温度**和**声音的折射**有关。在晴朗的白天，太阳的照射使地面升温，热量会慢慢地传到空气中，气温就会上升。因此，越到高空温度越低。到了晚上，地面空气更容易变冷，所以地面的温度比高空的空气温度低。

声音在气温不同的空气中传播时，**会在分界线处发生折射**。声音从热空气进入冷空气时，折射角比入射角小；从冷空气进入热空气时，折射角比入射角大。

也就是说，在越接近高空就越冷的白天，声音会**不断地在上方出现折射**，向高空传播，不会传得很远（图1）。反之，在越靠近高空越温暖的夜晚，声音就**近似水平折射**。同时，声音在碰到障碍物时会发生衍射，所以夜晚时声音能传得更远（图2）。

声音由于空气中的温度差发生折射

▶ 声音在白天的传播方式（图1）

白天，地面温度较高，所以声音向高空折射。

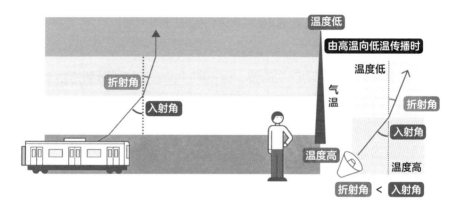

▶ 声音在夜晚的传播方式（图2）

晚上，地面温度比天空温度低，所以和白天相反，声音在水平方向传得更远。

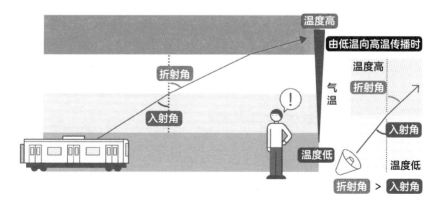

34 只有动物才能听到？超声波究竟是什么？

 有些频率的声音人类的耳朵无法听到，但有的动物会使用超声波探索周围环境！

　　声音是空气振动产生的波，**但不同种类的动物能听到的频率（振动次数）也不同**（图1）。频率越高、音调越高，**人类可以听到的声音**约为20～20000赫兹（Hz）。**超过人的听力上限的声音被称为超声波**。

　　声音在水里也能传播。声音在空气中传播的速度是每秒约340米，但在水中每秒约为1500米。超声波传播的距离比人耳能听到的距离短，但频率越高，方向性越好，可以在狭窄范围内实现精密集中。

　　海豚会利用这个特性，振动呼吸气孔的褶皱和瓣膜，并连续发出超声波。超声波反射到海豚头部类似碟形天线的骨骼处，再向前发射，碰到水中的鱼群或岩石时再反射回来（图2）。海豚**捕捉到这种反射波**，就能够非常清楚地知道水中的情况，和我们用眼睛看东西一样。

　　人们都知道蝙蝠很善于利用超声波，此外，猫、狗、老鼠和昆虫也会利用超声波探测周围环境。

超过人的听力上限的声音是超声波

▶ 不同种类的动物可以听到的声音范围（图1）

很多动物能听到人类听不到的高频声音（超声波）。

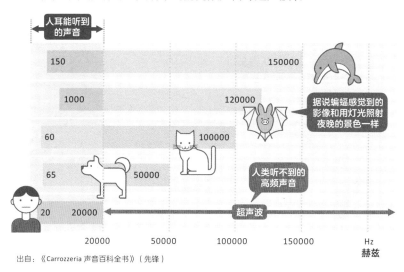

出自：《Carrozzeria 声音百科全书》（先锋）

▶ 海豚能发射超声波（图2）

海豚发出的超声波，反射到头部类似碟形天线的骨骼处，通过额隆发出。

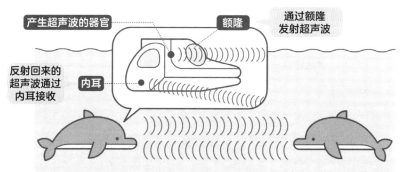

浩瀚无垠的物理世界 **第2章**

遐想
科学特辑
6

传声筒能进行通话的

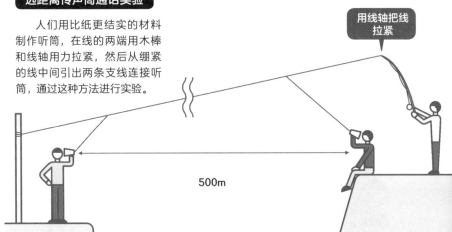

远距离传声筒通话实验

人们用比纸更结实的材料制作听筒，在线的两端用木棒和线轴用力拉紧，然后从绷紧的线中间引出两条支线连接听筒，通过这种方法进行实验。

用线轴把线拉紧

500m

在线的两端绑上纸杯绷紧，向一端的纸杯说话，另一端的纸杯就能听到声音，这样的装置就是**传声筒**。声音发出的振动从纸杯传到了绷紧的线上，使另一端的纸杯以及空气产生振动，从而传到对方耳朵里。但是，如果把线拉得过长又绷得太紧，纸杯就会破裂，所以一般的通话距离是10～20米。

事实上，有很多人做过传声筒的最远通话距离实验。人们用比纸更结实的材料制作听筒，在线的两端用木棒和线轴用力拉紧，然后从绷紧的线中间引出两条支线连接听筒，通过这种方法进行实验，成功实现了距离500米的通话。

在地球的空气中架线，不仅会受到线的重量影响，还会受到风的影响。因为线越长越难拉紧。**所以在生活中，传声筒的线**

100

最远距离是多少？

间距几千千米

宇宙中的远距传声筒

如果有和宇航服相连接的传声筒的话，在宇宙中实现远距离通话也不是幻想。

最多长500米。

但是在真空的宇宙空间中，传声筒的线长可以达到几百千米甚至几千千米。**即使是在真空中，振动也会在细线内传导，**所以即使振动在中途减弱，如果你听力好，也应该能听得到。但是声音会随着声带的振动传到空气中，而且听电话的人也是通过空气振动带动鼓膜振动才可听到声音，所以在没有空气存在的宇宙中是不能使用传声筒的。

当然，如果在**与传声筒直接连接的太空服**中进行对话的话，因为宇宙服里面还有空气，这样一来大概就可以进行超远距离传声筒对话！

35 镜子为什么能映照出东西？

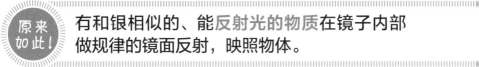

原来如此！ 有和银相似的、能反射光的物质在镜子内部做规律的镜面反射，映照物体。

为什么镜子能映照出东西来呢？这和**光的反射、玻璃还有银**的性质有关系。

首先，让我们来看看反射的原理。当光线碰到平面时，光线与平面所夹的角度（**入射角**）和反射时的角度（**反射角**）相等（图1）。镜子之所以能映照出物体和自己的样子，是因为光线照射在镜子的平滑面上，有规律地反射回来。这种反射叫作**镜面反射**。镜子利用这个原理可以照出物体。

接下来介绍一下镜子的构造。镜子的表面是用平滑的玻璃制作的。为了防止光线从玻璃的后面射过来，在玻璃后面镀了银或铝**不透光的金属膜**。因为这个镀膜几乎可以反射100%的光，所以就像用眼睛看实物一样，能看见明亮清晰的影像（图2）。

此外，窗户玻璃的表面也是平滑的，所以能映照出东西来。但是窗户玻璃反射回来的光，被从外面透过玻璃进入的强烈光抵消，因此在白天看不清反射光映照的东西。当夜幕降临，外面变暗时，透过玻璃进入的光会变少，就可以看清反射光映照的东西了。

▶ 镜子里映照出自己时的光的反射（图1）

因为不论是帽子的光、胸前的光，还是鞋子的光，都以入射角等于反射角的方式有规律地反射，所以映入眼帘的是和实物一模一样的镜像。

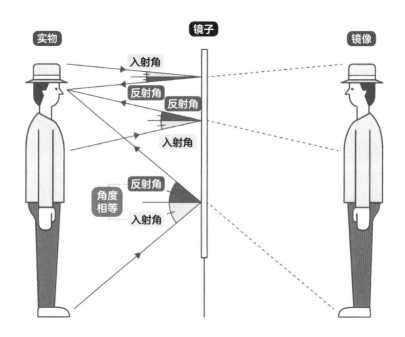

实物　　　镜子　　　镜像

入射角
反射角
反射角
入射角
角度相等　反射角
入射角

▶ 镜子的结构（图2）

镜子由玻璃和金属膜组成。给玻璃镀银或镀铝就可以反射100%的光。

玻璃　　银

因为光会反射到玻璃表面和镀银层上，所以仔细看的话，镜子里是双重的影像。

36 看到了幻影？海市蜃楼究竟是什么？

 原来如此！ 在空气有温度差时，光线会折射。因此，在有温度差时能看到海市蜃楼！

　　海市蜃楼是一种光学现象，指看到远处的景物浮现在空中或者倒立的现象。在均匀的空气中，光会直线前进，但在密度高的空气（温度低的空气）和密度低的空气（温度高的空气）中，光会**在其分界线处折射**。由于折射，远处原本看不到的景物会浮现在空中。

　　海市蜃楼有很多种，其中具有代表性的是通常在海面上可看到的**上现蜃景**。当海面附近的空气温度降低，上方的空气温度升高时就会出现。在有气温差的空气层中，**光从气温高（密度小）的方向向气温低（密度大）的方向折射**。这种现象会连续发生，所以光会弯曲。此时，在岸边的人看来，船似乎倒过来了（图1）。反之，在海面附近的冷空气层中，光线不会折射，所以船看起来是正立的。这样一来，岸边的人在正常情况下会看到的船的上空有一艘倒立的船。

　　同样原理的还有在**夏天路面总会出现的积水现象**。在晴朗夏日的柏油马路上，能看到远处的路面有积水。这是因为在夏季太阳的照射下，道路温度升高，**路面附近形成热空气层，光线折射而产生的**（图2）。

温度差引起的光线折射现象

▶ 上现蜃景的形成原理（图1）

海面的冷空气层上方是热空气层，因此出现了海市蜃楼的景象。

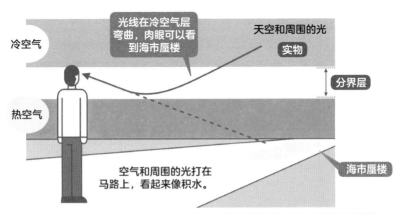

光线在冷空气层弯曲，肉眼可以看到海市蜃楼

热空气

海市蜃楼

分界层

冷空气

实物

▶ 路面积水的形成原理（图2）

这种现象是指在晴朗夏日的柏油马路上，能看到远处的路面有积水。

冷空气

光线在冷空气层弯曲，肉眼可以看到海市蜃楼

天空和周围的光

实物

分界层

热空气

空气和周围的光打在马路上，看起来像积水。

海市蜃楼

给人一种光是从这个方向发射的错觉。

37 虽然我们已经习以为常，但是光究竟是什么？

光是一种**电磁波**。由肉眼可见的**可见光**和肉眼无法看到的光组成！

有一种光波，速度每秒约30万千米，相当于用1秒能绕赤道7周半的距离。这种光波叫作**电磁波**，是一种能量波。在电磁波中，肉眼能看到的电磁波叫作**光**或**可见光**。

那么用**肉眼能看到的电磁波**到底是什么呢？顾名思义，电磁波是一种"波"。从一个波峰到下一个波峰的距离叫作**波长**（图1）。**肉眼能看到波长约400 ～ 700纳米（nm）的光**。纳米是一个小距离单位，1纳米是1米的10亿分之一。

肉眼能看到的光，**根据波长分成了从红到紫的7种颜色**（图2）。红光波长最长，按照红、橙、黄、绿、蓝、靛、紫的顺序，波长依次变短。可见光的波长很短，红光波长为700纳米左右，紫光波长为400纳米左右，波长比紫光短的电磁波有紫外线、X射线和 γ 射线。波长比红光长的电磁波有红外线和无线电波。这些电磁波叫作光子带电粒子（第206页），可以发射到空间中。

通过<u>光</u>的<u>波长</u>长短能区分颜色

▶ 波和波长（图1）

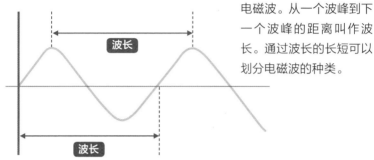

光是一种带有能量的电磁波。从一个波峰到下一个波峰的距离叫作波长。通过波长的长短可以划分电磁波的种类。

▶ 电磁波和可见光的波长（图2）

在电磁波中一般被称作光的部分是可见光。波长比可见光短的有紫外线、X射线和γ射线；比可见光长的有红外线和无线电波。

1μm（微米）=1000nm（纳米）

1mm（毫米）=1000μm（微米）

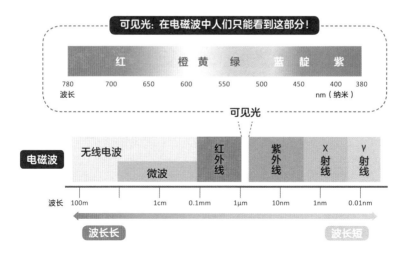

浩瀚无垠的物理世界 **第2章**

38 彩虹是什么？彩虹是怎样形成的？

原来如此！ 原本由 7 种颜色组成的阳光射入小水滴时被分开了！

　　雨过天晴时，在院子里给树木浇水时，都有可能出现彩虹。我们经常看到的彩虹是怎样形成的呢？

　　太阳光经过水滴**折射、反射后分成 7 种不同的颜色**，就形成了彩虹。那么为什么是 7 种颜色呢？因为太阳的光由红、橙、黄、绿、蓝、靛、紫 7 种颜色组成。阳光是这 7 种颜色形成的复合光，平时在我们眼中看来是白色（无色）。**阳光射入雨后空气中的小水滴时，分成 7 种颜色**（图1）。

　　通过棱镜可以确定太阳光有 7 种颜色。**棱镜**是一种为了将光进行折射、分散和反射，用玻璃或水晶制成的三棱柱。阳光射入棱镜会经过折射和反射，分成 7 种颜色（图2）。在大气中，**水滴起到了和棱镜一样的作用，阳光射入小水滴形成了彩虹**。

　　在小水滴的入射光和反射光（图1）之间，形成了约 40 度的角度，**并且 7 种颜色的角度略有不同**。所以我们可以看到原本看起来只有一种颜色（无色）的光被分解，变成了彩虹。

蓝光容易散射，红光不容易散射

▶ 蓝光容易发生散射（图1）

　　蓝光波长短，碰到空气中的微粒时容易发生散射；红光波长长，碰到空气中的微粒时不易发生散射。

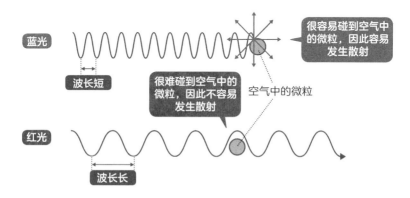

蓝光

波长短

很容易碰到空气中的微粒，因此容易发生散射

很难碰到空气中的微粒，因此不容易发生散射

空气中的微粒

红光

波长长

▶ 水会吸收红光（图2）

　　太阳光中的红光被海水吸收，难以吸收的蓝光经过散射进入眼中。同时，天空的颜色（散射出的蓝色）也会发生反射，因此海水呈现蓝色。

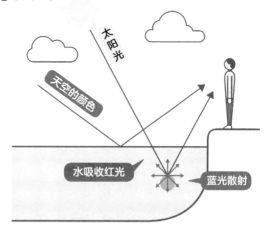

太阳光

天空的颜色

水吸收红光

蓝光散射

40 红外线是什么？具有什么性质？

原来如此！ 虽然人们用肉眼看不见红外线，但能感觉到它。它具有热效应，也具有和可见光相似的性质！

我们经常能听到在电气化产品中使用了**红外线**。那么红外线到底是什么？具有什么性质？

可见光按波长长短、从红到紫的顺序排列（第106页）。波长比红光长的电磁波是人们用肉眼看不见的，其中一部分称为红外线（图1）。

虽然看不见，但是我们平时都可以感觉到红外线。阳光的温度来自从太阳射出的可见光以及红外线。也就是说，**红外线具有热效应的性质**。

如（图1）所示，红外线根据波长分为**近红外线**、**中红外线**和**远红外线**。其中近红外线接近可见光中的红光，其性质也和可见光类似，因此用于电视遥控器和红外线摄像机等。

按下电视遥控器的按钮，就会从遥控器发射红外线，传到电视的接收窗，从而可以控制电视机（图2）。但是只要用一张纸遮挡，红外线就无法传播。遥控器选用红外线而不选用无线电波就是因为无线电波可能会透过墙壁传到隔壁，有可能会误操作隔壁房间或附近邻居家的电视。

紫外线分为 UV-A、UV-B 和 UV-C 3 种

▶ 紫外线波长及其分类（图1）

到达地表的只有UV-A和UV-B。这两种紫外线会对生物健康产生影响。

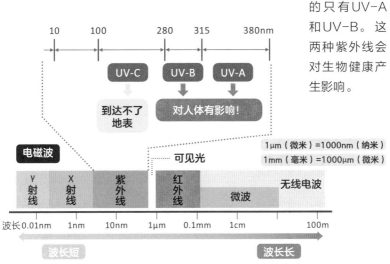

▶ 紫外线对皮肤的影响（图2）

UV-B照射皮肤表面使皮肤产生黑色素，会引起皮肤晒黑；UV-A会到达皮肤深层真皮层，破坏胶原蛋白和弹性蛋白，导致产生皱纹以及其他影响。

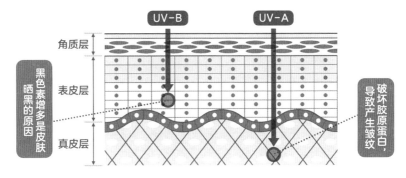

42 X射线检查为什么能透视人体？

原来如此！ X射线是一种**比光强的电磁波**，能穿透物体。利用这个性质，可以透视人体。

为什么X射线检查能看到人体内部呢？

X射线是和光同波段的电磁波（第106页），但是与光不同，**X射线具有穿透物体的性质**。利用这个性质透视人体，就是X射线检查。

光不能穿透物体，而X射线可以透射物体。**这是因为X射线的能量比光强**。

所有的物质都是由原子构成的。原子的中心是原子核，在原子核周围有电子绕着它旋转。当光照射到原子时，就会被电子捕捉到，但是能量强的X射线不会被电子捕捉到，**它会穿过原子核和电子之间的缝隙**。

但是X射线也并不能穿透所有物体。就人体而言，X射线能透过皮肤或肌肉等水分含量多的部位，但不能穿透像骨骼一样的实体组织。X光片就利用了这个原理，黑色区域是X射线穿过的部分，白色区域是穿透不了的部分，由此可以区分骨骼和其他部位（图1）。

CT扫描的原理基本相同。X射线管在人的身体周围边旋转边进行拍摄，再进行图像处理来制作影像（图2）。

X 射线不能穿透骨骼

▶ X 射线成像原理（图1）

X射线穿透人体，在胶片上投射出和影子一样的图像。

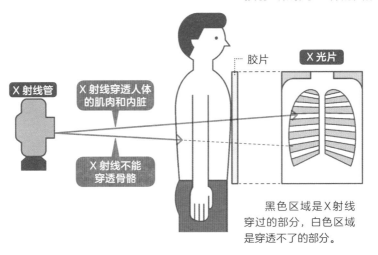

X 射线管

X 射线穿透人体的肌肉和内脏

X 射线不能穿透骨骼

胶片

X 光片

黑色区域是X射线穿过的部分，白色区域是穿透不了的部分。

▶ CT 扫描仪的原理（图2）

在CT扫描时，X射线管在身体周围边旋转边进行拍摄。如图所示，X射线管螺旋状旋转，叫作螺旋扫描。

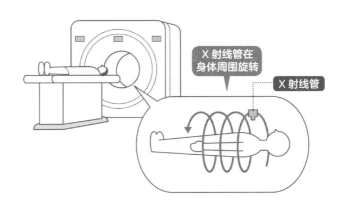

X 射线管在身体周围旋转

X 射线管

浩瀚无垠的物理世界 第2章

43 复印机的工作原理是什么？

原来
如此！ 利用光和静电的构造可以准确地复制文件

　　我们日常使用的复印机能清晰准确地复印文件，那么它是什么原理呢？

　　复印机起初和照相机一样，使用镜头复制原稿的图像，然后把图像记录在镜头下方的**感光体**上。感光体是复印机的配件，**在无光的地方它的表面会聚集静电，一旦碰到光，静电就会消失。**

　　感光体表面带有负电荷。通过光学成像原理，将原稿图像成像在感光体上。由于来自原稿的白色部分的光很强，所以被光照射的部分静电会消失。与之相对的，因为原稿黑色部分的光很弱，所以黑色部分留有负电荷。

　　接下来往黑色部分喷上墨粉。**墨粉是由碳和塑料制成的细小颗粒，它的静电带有正电荷。**因此，墨粉会吸附到感光体留有负电荷的部分（原稿黑色部分的光照射的地方）。

　　把感光体上用墨粉呈现的图案再利用静电复制到纸上。但是这样做会使墨粉从纸上脱落，所以要立即加热防止脱落。经过以上流程，就可从复印机中取出复印好的纸。

利用静电复印

▶ 复印机的原理

在复印机中，感光体的光照射不到的地方留有带负电荷的静电（❶+❷），带负电荷的静电吸引带正电荷的墨粉（❸）。

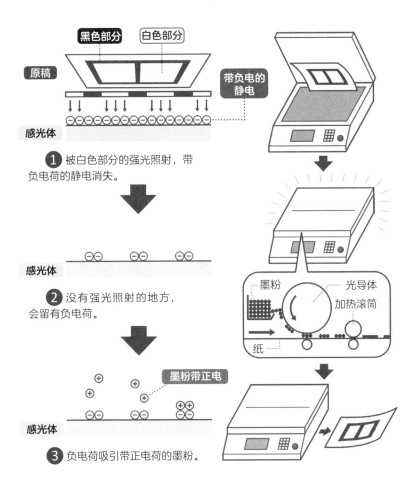

黑色部分　白色部分

原稿

带负电的静电

感光体

❶ 被白色部分的强光照射，带负电荷的静电消失。

感光体

❷ 没有强光照射的地方，会留有负电荷。

墨粉带正电

感光体

❸ 负电荷吸引带正电荷的墨粉。

墨粉　　光导体
加热滚筒
纸

Q 静电会导致人触电而死吗？

> 会 〉或〉 不会

　　在干燥的冬季，有时触碰到门把手时，手就会"啪"地被电一下。这就是静电在作怪。被电到时，人会吓一跳并且心脏会不舒服，那么静电会导致人触电而死吗？

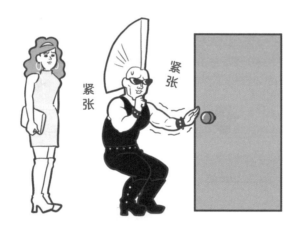

紧张
紧张

　　话说回来，**静电**究竟是什么呢？简单来说，一种物质带正电荷或者带负电荷，这种情况就叫作**带电**，也就是处于静电累积的状态。

　　当人体处于带电状态时，触碰金属的门把手，聚集在身体上的电一下子就从指尖流到门把手上。使带电的物体不带电的过程叫作**放电**，这是静电的本质。

电的强度用**电压**和**电流**表示。把电压和电流比作河水水量的话，电压就是落差，电流就是水量。流水从高处缓缓地落下，身体不会受到冲击；但是如果没有落差，流水从低处猛地冲出来，身体就会受到很大的冲击。**因此对人体产生影响的不是电压而是电流**。

当累积在衣服上的静电放电时，电压会达到几千伏特，但是电流只有几微安培。因此人只是会有一时的不适感，不会因为电击而死亡。

但是也存在触电致死的强静电，那就是打雷（第68页）。

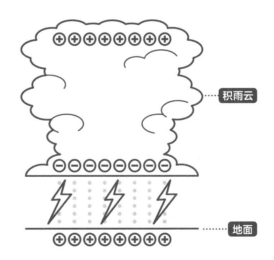

雷是静电

在积雨云底部聚集着负电荷，而正负电荷互相吸引，地面聚集了正电荷时，就容易打雷。

····积雨云

········地面

雷的电压高达几千万到2亿伏特（V），而电流高达几万到几十万安培（A）。如果接触如此强的电流和电压，那么有可能被静电电死。

所以正确答案是"有可能（如果是闪电强度的静电）"。

浩瀚无垠的物理世界 **第2章**

44 电池里为什么会有电？

在电解液里放入用电线连接的 2 个电极就会产生电！

　　在稀盐酸中放入用电线连接的铜板和锌板，就会产生电。稀盐酸是**电解液**，铜板和锌板是**电极**。这个就是电池的结构，把它放进小罐子里就变成了干电池。

　　让我们再仔细了解一下电的产生原理吧！所有的物质都是由原子组成的，作为电极的锌板就是由无数锌原子组成的。**锌原子有带电荷的粒子**。因为铜不溶于稀盐酸，只有锌会发生反应，所以锌板上的锌原子分离出带正电荷的锌离子溶解在稀盐酸里，带负电荷的两个电子通过电线向铜板（阳极）移动；而稀盐酸中含有带正电荷的氢离子，带正电荷的氢离子与流向铜板的带负电荷的电子结合，生成氢气。

　　铜板附近的电子消失，新的电子再从锌板经电线转移过来……**电子就像这样源源不断地流动，产生了电（形成电流）。**

电极附近产生的定向电子流会产生电

▶ **电池的结构**　电解池由电解液和2个电极组成。稀盐酸和锌发生化学反应，不断生成电子，产生电流。

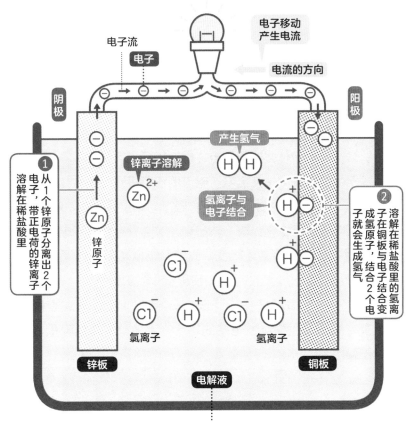

电子移动产生电流

电子流
电子
电流的方向

阴极
阳极

产生氢气
锌离子溶解
氢离子与电子结合

① 从1个锌原子分离出2个电子，带正电荷的锌离子溶解在稀盐酸里

② 溶解在稀盐酸里的氢离子在铜板与电子结合成氢原子，结合2个电子就会生成氢气

Zn²⁺
Zn 锌原子

Cl⁻
H⁺
Cl⁻ H⁺ Cl⁻ H⁺
氯离子　　氢离子

锌板
铜板
电解液

电解液（稀盐酸）内含氯离子和氢离子。盐酸不和铜反应，只和锌反应。

浩瀚无垠的物理世界 **第2章**

45 发电站的电传到家里需要几分钟？

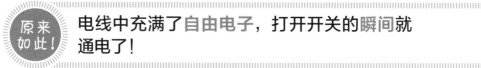

原来如此！ 电线中充满了自由电子，打开开关的瞬间就通电了！

发电站的电传到家里需要多长时间呢？答案是"**瞬间**"。

电线中本就充满了**自由电子**。自由电子是在金属等物质内自由移动、能导电的物质。当人们打开家电的开关时，**自由电子就会移动，产生电流，可以立即供电。**

那么发电厂在什么时候供电，供电量又是多少呢？

发电站所供的电是**交流电**，电流的正负极方向每秒变化数十次（图2）。电流方向的变换次数叫作**频率**，单位为赫兹（Hz）。

当供电量比用电量大时，电压和频率会升高；当用电量比供电量大时，电压和频率会降低。如果供电量和用电量间的平衡被打破，其中一方过大的话，家用电器就会被损坏。

因此，电力公司预测在冬天天气转冷时，取暖家电的使用率会增加，就会通过提高发电站的功率等手段来提高供电量，调整电压和频率。

发电站发电的原理

▶ 电无法存储（图 1）

由于电无法存储，所以发电站通过预测耗电量来供电。

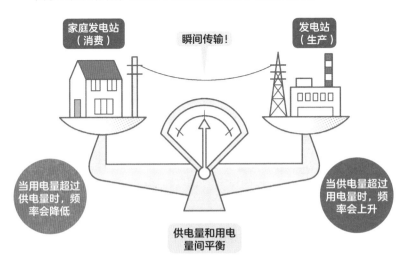

家庭发电站
（消费）

瞬间传输！

发电站
（生产）

当用电量超过供电量时，频率会降低

供电量和用电量间平衡

当供电量超过用电量时，频率会上升

▶ 直流电和交流电（图 2）

电分为直流电（电流方向固定）和交流电（正负极方向频繁改变）两种。

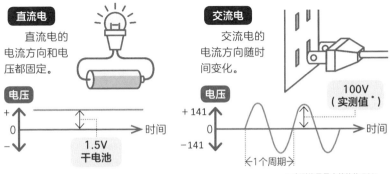

直流电

直流电的电流方向和电压都固定。

电压

0

时间

1.5V
干电池

交流电

交流电的电流方向随时间变化。

电压

100V
（实测值*）

+ 141

0

− 141

时间

1 个周期

* 实测值是最大值的约 70%。

125

浩瀚无垠的物理世界 第 2 章

46 LED 和普通灯泡有什么区别？

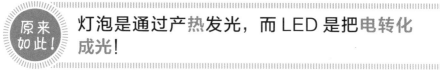

原来如此！ 灯泡是通过产**热**发光，而 LED 是把**电转化成光**！

　　LED比白炽灯和荧光灯省电，使用寿命也长，因此得以广泛使用。物体自身散发光芒叫作**发光**。LED和普通灯泡（白炽灯泡）的发光方式不一样。

　　灯泡会通过产热发光。如果打开电暖炉的开关，电流会让电热丝变热。电热丝起初是深红色，升温后会发出明亮的红光。当加热金属超过一定温度时就会发光。对灯泡而言，电流使钨丝在灯泡中发热，然后发出光芒（图1）。

　　LED的学名是**发光二极管**，它安装了**P型和N型**两种半导体。半导体是一种固态物质，它可以根据情况通电或不通电。P型半导体接正极，N型半导体接负极。

　　打开LED灯的开关，**正负极电流在PN结（P型和N型半导体的交界处）相撞，继而产能发光**（图2）。它并不像灯泡一样加热发光。

在 LED 中，半导体的 PN 结发光

▶ **灯泡的结构**（图1）　灯泡的灯丝在高温下会发黄光或白光。

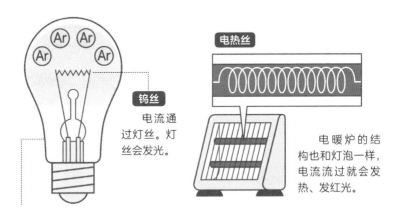

钨丝

电流通过灯丝。灯丝会发光。

电热丝

电暖炉的结构也和灯泡一样，电流流过就会发热、发红光。

为了让灯丝耐用，人们在灯泡里注入了氩气（Ar）。

▶ **LED 灯泡的结构**（图2）

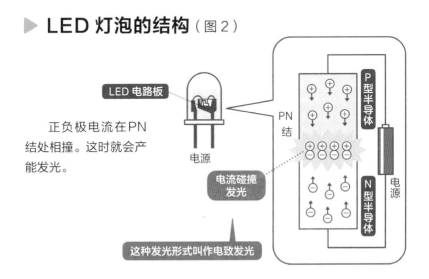

LED 电路板

正负极电流在 PN 结处相撞。这时就会产能发光。

电源

电流碰撞发光

P 型半导体

PN 结

N 型半导体

电源

这种发光形式叫作电致发光

Q 如果骑自行车发电一天，能把手机充满电吗？

| 能 | 或 | 不 能 |

在自行车上可以安装能点亮车灯的发电机，那么用这个装置是不是可以给手机充电？实际情况会怎么样呢？如果骑一天自行车，能把手机充满电吗？

以前的自行车**发电机**一般会通过接触前轮来让发电机旋转，现在，前轮车轴的内部装置种类变得更多了，但无论哪一种，都是利用了**电磁感应原理**。基本上，它的原理和发电厂的发电机原理相同（第136页）。

在晚上骑自行车，骑得越快灯就越亮。也就是说，**自行车骑得越快产生的电流越强**。这种脚踏发电已经用于手机充电，市面上也已经在销售可以连接手机充电器的发电机。

自行车发电机（充电器）的结构

线圈

磁铁

磁铁在旋转

自行车的发电机通过车轮旋转，使车轴内线圈里的磁铁旋转产生电流。

有一个实验是使用这种脚踏发电机给手机充电来进行挑战。在大约30分钟时，虽然电池电量增加到15%，但因实验者腿部疲劳最终宣告失败。如果不能连续蹬车使脚踏发电机达到每秒1.5转以上的速度，就无法获得足够的电力，实验者在蹬车的时候不能像平时骑自行车那样蹬脚休息，利用惯性行驶。从这一点来看，实验遇到了极大阻力。

从以上实验结果可以看出，理论上来说持续骑自行车一天可以给手机充满电，所以正确答案是"可以"。但是在刚才的实验中，持续30分钟可以充15%的电，而人的体力有限，所以要充满电还是很困难的。

47 什么是电机？为什么它通上电就能工作？

利用磁铁和电磁铁的**吸引力**和**排斥力**来转动线圈，产生旋转力！

从玩具到家电，再到汽车和电车，我们身边充满了使用电机的物品。为什么电机能够产生动力，又是怎样产生动力的呢？

一般作为模型使用的电机是在两个**永磁铁**之间放置线圈。线圈是用漆包线缠绕而成，电流流过就会变成电磁铁。电机利用**永磁铁和电磁铁之间的吸引力和排斥力**来旋转线圈，产生动力。

电机由场磁铁（2个永磁铁）、线圈（电枢）、电刷、换向器4种零件组成。如果留心观察换向器的作用，就可以清楚地知道电机为什么会旋转。

首先，从左侧传来的电流会流经电刷到换向器再到线圈，这时线圈会变成电磁铁，下图中的 Ⓐ 部分（绿色）会变成N极。这时N极被场磁铁的S极吸引，产生旋转力（图 ❶ ）。

线圈继续利用惯性旋转（图 ❷ ），然后换向器与电刷接触时，电流的流向与刚才相反（图 ❸ ）。线圈A部分变成S极，受场磁铁的S极排斥，被N极吸引，然后继续旋转。只要这个过程持续进行，电机就会不断旋转。

铁有无数的分子磁体

▶把条形磁铁切成许多段的话……（图1）

把条形磁铁切成许多段的话，每个小段都是磁铁。磁铁里有无数的小磁铁。

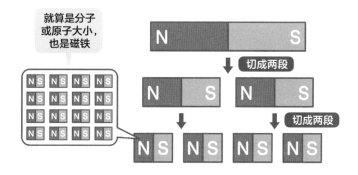

就算是分子或原子大小，也是磁铁

切成两段

切成两段

▶铁钉里的分子磁体的方向（图2）

远离磁铁时，铁钉中的分子磁体的方向不统一；当磁铁靠近时，铁钉中的分子磁体形成一致方向，这时铁钉也是磁铁。

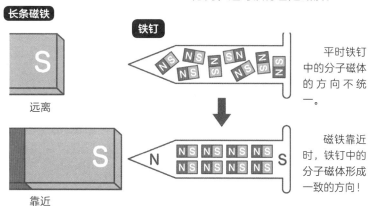

长条磁铁

铁钉

远离

靠近

平时铁钉中的分子磁体的方向不统一。

磁铁靠近时，铁钉中的分子磁体形成一致的方向！

Q 在北极时，指南针磁铁的 N 极指向哪里？

> 指向上方 〉 或 〉 指向下方 〉 或 〉 不固定

　　地球实际上是一个巨大的磁石，磁场南极为地磁北极，磁场北极为地磁南极。因此，指南针的 N 极被地球的磁场南极吸引，指向地磁北极，这样就可以判断北方方位。那么如果把指南针带到北极，指南针的 N 极指向哪里呢？

　　地球是一个巨大的磁石，在地球的周围环绕着从**地磁南极**指向**地磁北极**的**磁感线**（下图）。指南针可以沿着磁感线指出南和北。在赤道附近磁感线接近水平（下图中的 **A**），但是越往北越逐渐倾斜（下图中的 **B**）。

围绕地球的磁感线

指南针沿磁感线指向南北。

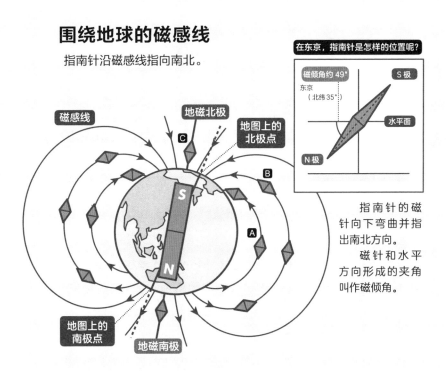

在东京，指南针是怎样的位置呢？

磁倾角约 49°
东京
（北纬35°）
水平面
S 极
N 极

指南针的磁针向下弯曲并指出南北方向。

磁针和水平方向形成的夹角叫作磁倾角。

这样的夹角叫作磁倾角，在东京附近约为49度。越往北磁倾角就越大，**在地磁北极转至正下方**（上图**C**）。

事实上，地图上的北极和指南针的S极所指的并不是同一个地方。地图上的北极是地球自转时的轴线与地面相交的地方，在北纬90度附近。

地球的磁场南极被称作地磁北极，大致指向地理北极附近。地磁北极每年在不断变化。2019年的地磁北极在北纬86.4°，比地图上的北极偏南3.6°。

可见，地图北极与地磁北极有些许偏差，指南针的N极近似指向地面，即指向地磁北极。

所以，正确答案是"向下指"。

浩瀚无垠的物理世界 第**2**章

49 发电厂怎么发电？

原来
如此! **和电机的构造相反，发电机靠线圈旋转产生电流！**

　　火力发电厂、水力发电厂和核电站都会发电。这些发电厂利用**发电机**来发电。

　　发电机的结构和电机很类似（第130页）。电机通过电流使线圈旋转，发电机相反，**让线圈旋转产生电流**。如（图1）所示，通过转动与电机类似的手摇发电机产生电流（图1为手动）。

　　无论是哪个发电厂，都是用水力和火力让发电机发电。

　　比如火力发电厂是燃烧煤和石油将水加热至沸腾，**利用蒸汽让涡轮旋转**（这里和电机类似），使发电机发电（图2）。核电站是使铀核裂变，释放出的能量让水沸腾，和火力发电一样，转动涡轮发电。

　　除火力和核能以外的能源叫作绿色能源，利用这些能源也能提高发电量。地热发电是用岩浆的热能产生的蒸气，带动涡轮发电。生物质发电是用枯树、垃圾、废弃的油等燃料进行火力发电。

燃烧汽油使曲轴旋转

▶汽油发动机的构造

汽车内燃机有4个冲程：①吸气冲程；②压缩冲程；③做功冲程；④排气冲程，再带动曲轴旋转。

① 吸气冲程 进气阀打开，汽油和空气的混合气体进入汽缸。

② 压缩冲程 曲轴旋转，带动连杆上的活塞压缩混合气体。

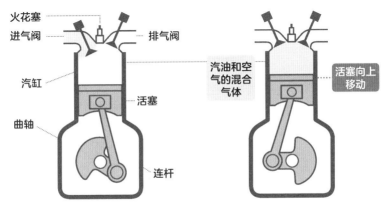

火花塞
进气阀
汽缸
曲轴
排气阀
活塞
连杆

汽油和空气的混合气体

活塞向上移动

③ 做功冲程 火花塞点燃气体，气体瞬间膨胀产生的压力压下活塞。

④ 排气冲程 排气阀打开，排出燃烧后的气体，再回到①吸气冲程。

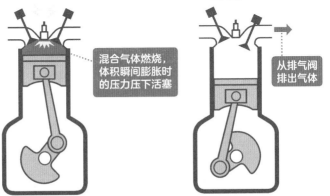

混合气体燃烧，体积瞬间膨胀时的压力压下活塞

从排气阀排出气体

我们能制造出

利用小球的力旋转的车轮

利用车轮旋转和滚动的小球的重力，能让车轮永远旋转吗？

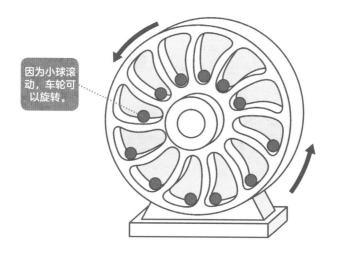

因为小球滚动，车轮可以旋转。

永动机是指**不添加外力就能不断运动的机器**。如果可以不依靠外界力量就能让机器不断地工作，那么能源问题就迎刃而解了。在这个想法的基础上，我们来思考一下到底是否可行吧！

上图是**依靠小球滚动产生的力不断旋转的车轮**。最开始转一下车轮，车轮左半边的小球就滚落下来，带动车轮旋转。凭借小球依次滚动产生的力似乎可以让车轮一直运动。

下图是**磁铁和铁球的滑轨**。被强磁铁吸引的铁球滚到斜面上，紧接着掉进前面的洞里，从弯曲的滑轨落下。然后再从下方的洞里出来，再被吸引，滚到斜面上，这样不断往复。

永远运转的机器吗？

被磁铁吸引的铁球从洞里落下再回到滑轨上，铁球能不断重复这样的运动吗？

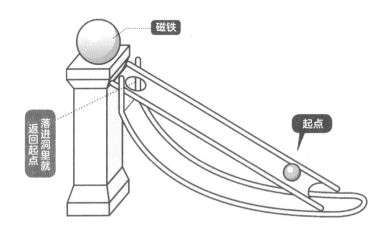

磁铁

落进洞里就返回起点

起点

来揭晓一下谜底吧！前面的车轮和车轴之间有摩擦力，转动的能量会被一点点损耗，最终车轮会停止运动。后面的强磁铁如果磁力强到能吸引滑轨下的铁球，铁球就不会落到洞里，而是会吸到磁铁上。要想成功的话，除非用可以调整磁力强弱的电磁铁。

结论是**永动机不符合物理学定律**。车轮实验格外可惜，19世纪的热力学定律就已经判明了这个实验在原理上不成立。这是因为无论什么机器，能量都会有一部分摩擦损耗。

51 体温计是怎样测体温的?

传统的水银温度计利用**热胀冷缩**的原理测体温。电子体温计利用**传感器**进行预测!

温度计是怎样测量体温的呢?让我们来探索一下通常使用的水银温度计和电子温度计的构造吧!

物质具有**温度上升就会膨胀(体积增加)**(第62页)**的性质**。天气炎热时铁轨会弯曲,火车有可能会通行受阻,这就是**热胀冷缩**的例子。温度上升时水银的体积会有规律地增加,利用这个原理制作出了水银温度计。

在腋下测量体温,水银柱会慢慢上升,几分钟之后就会停止上升,此时的温度就是**我们的体温**。水银温度计里储存水银的地方和标注刻度的管子之间有一块凹下去的部分。水银通过这个部分后,**由于表面张力**,无法恢复原状,一旦上升之后就无法下降(图1)。

与之相对的,电子体温计的**电阻**会根据温度产生变化,我们采用热敏电阻来测量体温。在腋下夹住电子体温计,**热敏电阻**就会感知皮肤温度,电阻就会产生变化。很多电子体温计**内置的微型计算机基于这个数值可以准确预测体温**,更快速地显示体温(图2)。

水银温度计和电子温度计的构造不同

▶ 水银温度计的构造（图1）

水银温度计是利用热胀冷缩原理来测量体温的。

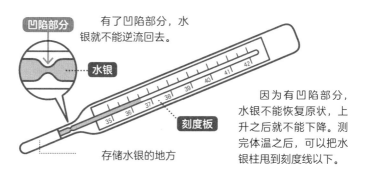

凹陷部分

有了凹陷部分，水银就不能逆流回去。

水银

刻度板

存储水银的地方

因为有凹陷部分，水银不能恢复原状，上升之后就不能下降。测完体温之后，可以把水银柱甩到刻度线以下。

▶ 电子温度计的构造（图2）

热敏电阻是一种电子零件，随着温度变化而改变电阻。电子温度计在到达平衡温度之前有温度的上升数据，直到达到平衡温度，从而预测出最终体温。

内部的微型计算机可以预测体温

内置热敏电阻

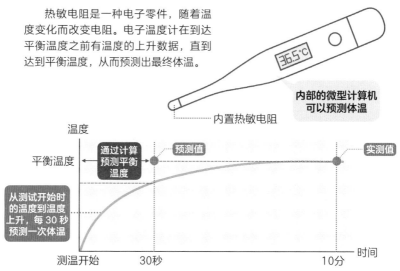

温度

平衡温度

通过计算预测平衡温度

预测值

实测值

从测试开始时的温度到温度上升，每30秒预测一次体温

测温开始   30秒   10分   时间

52 冰箱为什么能制冷？

原来如此！ 利用汽化现象吸收冰箱内的热量！

　　我们在打针时会用酒精擦拭皮肤、消毒，这时会感到很凉。**这是酒精在汽化（蒸发）时从皮肤吸收热量的现象**（图1）。当液体蒸发时，需要大量的热量，因此酒精会从皮肤吸收热量。

　　冰箱就是利用这个原理制冷的，但它不是用酒精，而是使用一种叫作异丁烷的气体。**异丁烷**是一种会因温度和压力变化变成气体或者液体的物质。

　　冰箱的内外都有管道，管道里面有异丁烷。在冰箱制冷时会使液态异丁烷汽化，此时就像酒精从皮肤吸收热量一样，异丁烷会从**冰箱内的空气中吸收热量**。

　　变成气体的异丁烷通过管道连接到冰箱外面的压缩机（压缩气体的装置）。运输到压缩机的异丁烷经过压缩后变成液体。此时，从冰箱内吸收的空气中的热量接触到管道会散到外部，变成液态的异丁烷会重新回到冰箱里。这样反复过后，冰箱就会制冷（图2）。

利用汽化现象吸收冰箱的热量

▶身边的汽化实例（图1）

酒精在汽化时会吸收皮肤的热量，人会感觉凉。

用酒精擦拭皮肤。　　　　　　酒精在汽化时会吸收皮肤表面的热量。

▶冰箱的基本结构（图2）

冰箱里面和外面的管道里有异丁烷。这些气体变成液体，就会把冰箱里的热量移到外面。异丁烷这样的物质叫作制冷剂。

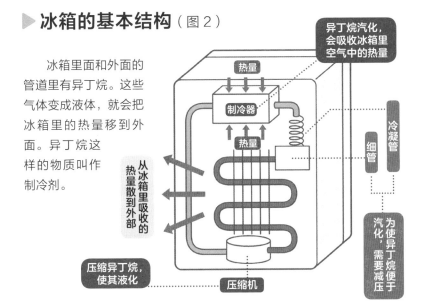

异丁烷汽化，会吸收冰箱里空气中的热量

热量

制冷器

热量

从冰箱里吸收的热量散到外部

冷凝管

细管

为使异丁烷便于汽化，需要减压

压缩异丁烷，使其液化

压缩机

浩瀚无垠的物理世界 **第2章**

Q 能否将物体降温至零下 1000 摄氏度？

| 可 以 | 或 | 不可以 | 或 | 或许可以！ |

　　蜡烛点燃后，最热的地方大概1400摄氏度，除蜡烛外还有许多温度更高的物体。那么物体的温度最低能到多少度呢？可以降温至零下1000摄氏度吗？

　　不止是蜡烛的火焰，世界上有许多温度超过1000摄氏度的物体。炼铁厂的熔炉约为1600摄氏度，发动机缸内的温度最高超过2000摄氏度。范围扩大到宇宙的话，太阳的表面温度约为6000摄氏度，中心温度为1500万摄氏度。

　　温度显示了原子的振动强弱。振动弱，温度就低；振动强，温度就高。振动不只存在于原子中，所以从**理论上考虑温度没有上限**。

与之相对的，**温度越低，原子的振动越弱，最终会完全停止**。这个温度就是零下273.15摄氏度，也叫作**绝对零度**。但在量子力学里（第208页）即使处于绝对零度，原子也不可能停止振动。

到绝对零度时，宇宙的一切事物都会停止，所以这个世界的物体不可能低于零下273.15摄氏度。显而易见，不能将物体降温至零下1000摄氏度。

综上所述，正确答案是"不可能将物体降温至绝对零度以下"。

绝对零度和低温物质

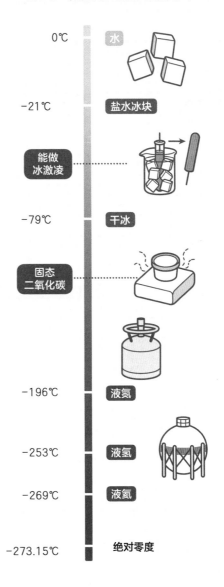

0℃	水
−21℃	盐水冰块
	能做冰激凌
−79℃	干冰
	固态二氧化碳
−196℃	液氮
−253℃	液氢
−269℃	液氦
−273.15℃	绝对零度

浩瀚无垠的物理世界 **第2章**

53 为什么气压低就会阴天？

低气压的中心处容易产生云，因此容易下雨！

气压高天气就好，气压低天气就糟。为什么气压高低会影响天气情况呢？

气压的单位用**百帕**（hPa）表示。低气压与气压大小无关，指的是气压比周围气压低。高气压相反，指的是气压比周围气压高。

低气压是**越往中心移动，气压就越低**。一旦出现**上升气流**，空气就会产生稀薄的区域（气压低），然后从周围空气浓厚的地方（气压高）向中心刮风，因此气压会逐渐降低（图1）。

空气可以根据温度来决定水蒸气的含量（**饱和水蒸气含量**）。例如，1立方米的空气在15摄氏度时能包含12.8克的水蒸气，但温度下降到5摄氏度时，就只能包含6.8克的水蒸气（图2）。当空气上升时，高度越高，温度越低。当达到某个高度时，空气中无法包含的水蒸气就会变成小水滴或小冰晶。云就是这样形成的（第70页）。

在低气压中心附近，上升气流在这样的情况下会形成云，如此一来天气就会变阴，很容易下雨。

148

气温下降会形成<u>水滴</u>

▶在低气压下，云的形成原理（图1）

低气压中会形成上升气流，因此会从周围向中心刮风，形成云。

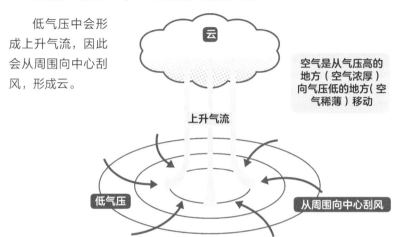

空气是从气压高的地方（空气浓厚）向气压低的地方（空气稀薄）移动

云

上升气流

低气压

从周围向中心刮风

▶饱和水蒸气和云的关系（图2）

当空气上升而温度下降时，无法容纳在空气中的水蒸气变成小水滴或者小冰晶。在空气中飘浮就形成了云。

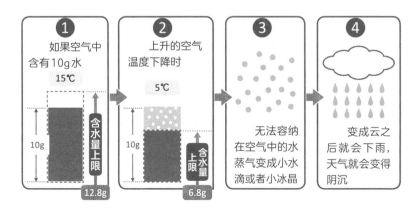

① 如果空气中含有10g水 15℃
10g
含水量上限
12.8g

② 上升的空气温度下降时 5℃
10g
含水量上限
6.8g

③ 无法容纳在空气中的水蒸气变成小水滴或者小冰晶

④ 变成云之后就会下雨，天气就会变得阴沉

浩瀚无垠的物理世界 **第2章**

54 台风是什么？和一般的低气压有什么区别？

 在热带产生的热带低气压会形成风速达 17.2 米的超强台风！

气象厅把位于北太平洋西部（赤道以北，东经180度以西）或中国南海地区，而且低气压区域中心最大风速（10分钟内的平均风速）为17.2米的热带气旋定义为台风。

那么台风是什么呢？一般可以把台风理解为**巨大的热带低气压**（第148页）。

热带低气压是指**在热带产生的低气压**。在热带的海上，从海水蒸腾出大量含水蒸气的热空气。热空气很轻，形成了上升气流，之后就形成了空气稀薄的区域（低气压）。

低气压会从周围向中心刮风，形成旋涡，并且这阵风在低气压中心附近形成含有大量水蒸气的上升气流。这就是热带低气压的形成原理。接着会出现积雨云，形成巨大的旋涡云（图1）。

台风路径的左侧和右侧风力不同。在台风的右侧（东侧），朝中心吹的风和台风的前进力合在一起，风力会变强。相反，在左侧（西侧）吹进的风和台风的前进力相抵消，因此风力比东侧弱。

第**3**章

最新技术与
物理的关系

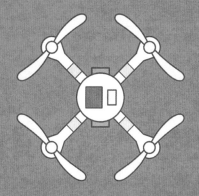

GPS、磁悬浮列车、
无人机等各种最新技术都充分利用了物理知识。
我们不局限于物理学，
一起在科学领域看看最新技术与物理之间的关系吧！

55 物体的行踪与 GPS 的定位原理

通过求出三颗 GPS 卫星与接收器的距离来获取自身（接收器）位置。

利用人造卫星来定位自己在地球上位置的装置叫作**卫星定位系统**。**GPS**（Global Positioning System）是由美国开发的卫星定位系统，最初被用于军事活动中，后来也逐步走进了人们的日常生活。例如汽车、飞机就必须依靠GPS来实现自身定位。

目前地球上的GPS卫星，在高度约2万千米的6个轨道上各配置了4颗，把预备卫星算在内，一共约有30颗卫星围绕着地球旋转（图1）。为了完成定位，接收器至少需要接收来自4颗卫星的电波，而强大的GPS系统在地球的各个角落都能够实现这一点。

三棱锥的底部三角形一旦确定，**只要知道除底面外剩下的三条棱长，顶点的位置就可自然而然地得出。**利用这个原理，我们就把接收器（汽车或智能手机等）当作**三棱锥**的顶点，从而接收来自3个GPS卫星发出的电波。通过测量接收电波所花费的时间，就能求出接收器与卫星间的距离，来定位接收器所处的位置（图2）。

简而言之，原理就是先通过3颗卫星获取自己的位置，然后再通过接收来自第4颗卫星的电波进行一系列数据修正，从而得到准确的定位。

有 <u>30 颗</u> GPS 卫星环绕地球运行

▶地球周围的 GPS 卫星（图1）

GPS 卫星在 6 个轨道上各配置了 4 个，共 24 个，包括预备卫星在内约有 30 个卫星环绕地球。

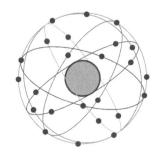

无论在地球上的哪个角落，卫星都运行在能够接收至少 4 颗卫星发出的电波的轨道上。

▶ GPS 的原理（图2）

原理为根据到 3 颗卫星间的距离推算出物体位置。

将此三角形作为底面，第 4 点为三棱锥的顶点，即接收器的位置

通过接收第 4 颗卫星发出的电波来修正数据，获得准确定位

GPS 卫星发送卫星的当前位置和发射电波的时间信息

接收器根据卫星发出电波与接收器接收电波的时间差，计算卫星到接收器的距离

接收器

最新技术与物理的关系 **第3章**

56 超越昴星团望远镜？超高性能望远镜的开发

 原来如此！ 科学家们正在开发比昴星团望远镜和哈勃空间望远镜性能更强的新型望远镜。

　　宇宙是怎样形成的？人类能找到另一个适合生物居住的行星吗？为了寻找这些答案，我们必须依靠性能比昴星团望远镜和哈勃空间望远镜更强的望远镜。

　　于是科学家们开始了**新一代超高性能望远镜**的开发。目前，日本正与美国、加拿大、中国和印度合作研发**TMT望远镜**。TMT是英语Thirty Meter Telescope的缩写，意思是"30米望远镜"。

　　望远镜的性能由收集光线的镜片（主镜）的直径来决定。主镜越大，成像就越明亮，越能观察到远处昏暗的星体（图1）。一般天文望远镜的主镜直径为8.2米，而TMT望远镜的直径能达到30米，接近前者的4倍，能聚集的光的强度可以达到前者的13倍。此外，得益于最新技术，TMT望远镜甚至可以从地球上观测到一只在新月表面上发光的萤火虫。

　　在美国，哈勃空间望远镜的加强版——**詹姆斯·韦伯空间望远镜（JWST）**也在研发中。它不同于位于地球的环绕轨道上的哈勃空间望远镜，而是位于从地球上看与太阳相对的一侧。哈勃空间望远镜的主镜为2.4米，而JWST的直径可达6.5米，由此可以预想到它强大的性能。

主镜的大小决定望远镜的性能

▶主镜越大，望远镜性能越强（图1）

望远镜的主镜越大，收集到的光线越多，就能观察到更远的昏暗星体。

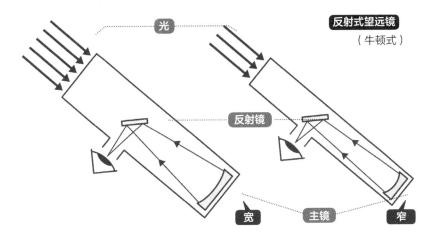

▶新一代超高性能望远镜（图2）

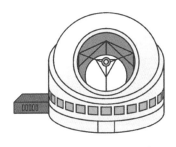

TMT望远镜计划建设在夏威夷的冒纳凯阿山顶。它的主镜长度为30m，约为昴星团望远镜的4倍。

詹姆斯·韦伯空间望远镜是哈勃空间望远镜的升级版，主镜长度为6.5m，约为后者的3倍。

如果太阳突然消

地球被太阳吸引，围绕着太阳旋转

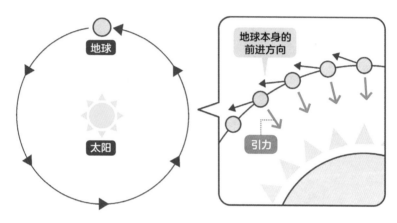

地球原本是直线运动的，但由于受到太阳的吸引而围绕着太阳旋转。

如果太阳突然消失了，地球会发生什么呢？毫无疑问，地球将会迎来**极度寒冷的气候**。与冰河时代相比，人类在这种环境下根本无法生存。如果不谈人类的存亡，而是从物理学的角度来思考地球运转的话，又会是什么情况呢？地球原本是以每秒30千米的速度在宇宙中直线前进的，但是受到太阳的引力而被吸引。这个力与其他力保持平衡，因此地球既不会脱离太阳，也不会坠落，而是一直围绕着太阳**旋转（公转）**。

太阳消失的瞬间，**地球会向圆形轨道的切线方向飞出去**。举个例子，把这个情形比作体育中的链球运动。假设手是太阳，铁球是地球，地球脱轨的瞬间就如同链球离开手时的情景，**地球将以每秒约30千米的速度向远离太阳的方向直线前进。**

失了会怎么样？

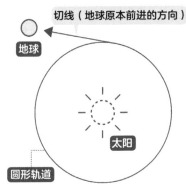

切线（地球原本前进的方向）

地球

圆形轨道

太阳

如果太阳消失的话地球将会沿着圆形轨道的切线方向飞出去。

下一个引力圈

月球

地球

如果太阳消失的话，地球将会与月亮一同持续直线运动，直到进入下一个引力圈。

　　另外，如果太阳消失的话，地球的公转也会停止，但自转还会继续，约24小时的地球自转周期也不会变化。但是由于地球的四周一片漆黑，判断地球是否完成了一次自转就变得十分困难了。此外，虽然月亮一直环绕着地球，但是无法观测到了，月亮也不会有阴晴圆缺。这是由于月光是月球吸收了太阳光反射形成的，离开了太阳，这些现象也就不复存在了。

　　总有一天，**地球会进入一个取代了太阳的新天体的引力圈**。是地球会被某个天体吸引发生碰撞，还是像现在与太阳的关系一样，围绕某个天体旋转，我们虽然不知道，但是可以想象。

57 雨的形成和人工降雨的原理

原来如此！ 利用飞机等工具撒下干冰和碘化银来形成雪，最终雪融化为液态水降落。

利用人为的方法实现降雨——**"人工降雨"**这一研究正在进行中。这项看似有助于解决水资源不足问题的研究，它的原理究竟是什么呢？

首先，我们需要知道雨是如何形成的。在属于温带气候的地区，大部分降雨的原理都是云层中的水滴冷却后形成小冰晶，冰晶又附着上周围的水蒸气和水滴，凝结成雪，雪在下落时又融化成水滴（图1）。同时，冰晶的形成也离不开地面上扬起的**细小的盐、泥、火山灰等微粒子**。

因此，人工降雨的基本原理是将**构成冰晶的微粒**通过人工方法植入云中，从而实现降雨。形成冰晶的核心物质是**干冰**和**碘化银**。干冰能够大量吸热使周围温度快速降低，利于形成冰晶；而碘化银具有与冰晶结构相似的结晶形状，具有易造雪的特点。

一般来说，人工降雨是用飞机在云层中撒下干冰等物质来实现的，不过也有把材料制成烟雾状，再将其从地面送入云中的方法（图2）。在严重缺水时，可采用这种方法，但是只适用于有云的天气情况下。因此，从现状来看，人工降雨解决不了水资源不足的问题。

人工抛撒形成冰晶的核心物质

▶雨的形成（图1）

雨是由细小的冰晶先变成雪，雪在降落时又融化成水而形成的。

构成云的水颗粒在0℃以下也不会结冰（过冷却）。

①	**②**	**③**	**④**
水颗粒聚集在微粒子周围	以微粒子为核心形成冰晶	冰晶成长为雪	气温升高，雪下落时受热融化成为雨滴

雪

气温较高的地方

雨滴

▶人工降雨的方法（图2）

利用飞机在云层中撒下核心微粒，形成冰晶，进而实现降雨。微粒选用干冰和碘化银。

在云中抛撒微粒

也有将碘化银制成烟雾状送入云中的方法

最新技术与物理的关系 **第3章**

58 零电阻与超导电缆的构造

 超导是指电阻为零的现象，不发生任何能量损耗！

发电站用电线（电缆）输电时，由于电线的金属材料有电阻，导致一部分电流会产生热能散发到空气中，从而损失了一部分能量，这个现象被称为**输电损耗**。输电距离越长，电阻越大，输电损耗就越大。

顺便说一下，日本的输电损耗约为5%（编者注：中国的输电损耗约为6%）。如果能在全球范围内消除这种输电损耗，那么世界上很多能源问题都能得到解决。

如果将特定的金属等物质放在一个非常低的温度之下，这个物质就会出现**电阻为零**的现象，被称为**超导现象**。如果让电线保持超导状态的话，那么输电损耗就会大幅降低。目前各国都在进行超导输电的研究，迄今为止已经实现了用零下196摄氏度的液态氮制冷的超导电缆来输电。

但是使用冷却长距离电缆的机械设备，不但需要耗费巨额资金，还需要解决各类问题和事故，因此目前还处于试用阶段。在即将达到实用化之际，我们也应该怀揣将酷热沙漠中的太阳能输送到全世界，实现世界各国共享多余电力的梦想，这将有助于解决能源和环境问题。

电阻为零的超导现象

▶物质变为超导状态的温度

超导是指将特定的金属置于低温时，电阻为零的现象。

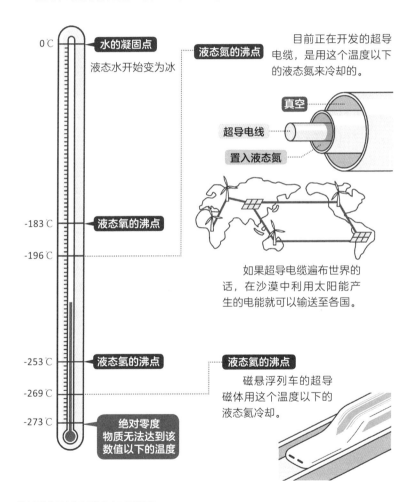

0℃ — **水的凝固点**
液态水开始变为冰

液态氮的沸点

目前正在开发的超导电缆，是用这个温度以下的液态氮来冷却的。

真空
超导电线
置入液态氮

-183℃ — **液态氧的沸点**

-196℃

如果超导电缆遍布世界的话，在沙漠中利用太阳能产生的电能就可以输送至各国。

-253℃ — **液态氢的沸点**

-269℃

液态氦的沸点
磁悬浮列车的超导磁体用这个温度以下的液态氦冷却。

-273℃ — **绝对零度**
物质无法达到该数值以下的温度

※ 沸点是指物质由液态开始变成气态的温度。

最新技术与物理的关系 **第3章**

59 磁悬浮列车为什么能高速飞驰?

 利用**超导电磁铁**的力量使车身浮在轨道上前进,达到每小时 600 千米的速度!

据说带车轮的列车的极限速度为每小时400千米。科学家们为了打破这一壁垒,研发出了利用磁铁的力量将车身浮起来,以超过每小时600千米的速度行驶的**磁悬浮列车**。

在磁悬浮列车上,**超导电磁铁**(又称超导磁铁)被安装在每节车厢的两侧(图1),其作用是使车身浮起来,并推动车身前进。

普通的电磁铁,线圈中流过的电流越大,磁力就越强,但是由于电阻的作用会发热,相应的能量也会有损失,因此得到的磁力是有限的。但是如果**把某种物质冷却到接近绝对零度(零下273摄氏度),它的电阻就会变为零**,成为一块非常强力的磁铁,这就是超导电磁铁。在磁悬浮列车上利用液态氦来保持超导体低温,它的冷却温度接近零下269摄氏度。

在磁悬浮列车项目中,被称为导轨的轨道侧壁上装配有两种线圈。这些线圈通过电流后就会变成电磁铁。超导电磁铁与线圈凭借相互吸引或相互排斥的原理,使车辆浮在轨道上前进(图2)。

借助两种电磁铁行驶在轨道上

▶车身浮起的原理（图1）

导向推进用线圈和悬浮用线圈一旦被注入电流，就会成为电磁铁。安装在车体两侧的超导电磁铁的 N 极与线圈的 N 极相互排斥，与 S 极相互吸引，在这种电磁力的作用下，车辆会浮起来。

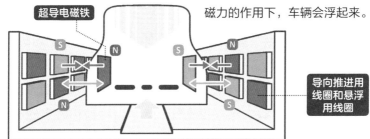

超导电磁铁

导向推进用线圈和悬浮用线圈

▶推动车身前进的原理（图2）

车身的超导电磁铁总是同一极的，但导向推进用线圈通过不断改变电流的方向，成为不断改变极性的电磁铁。依据这一点，如果车辆移动，导向推进用线圈的 N 极、S 极也会随着移动的位置改变，保证车辆前进。

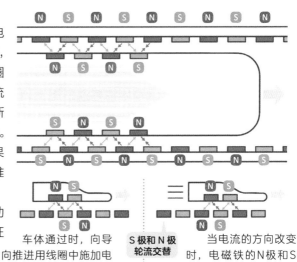

车体通过时，向导向推进用线圈中施加电流，使之成为电磁铁。

S 极和 N 极轮流交替

当电流的方向改变时，电磁铁的 N 极和 S 极交替，车身前进。

60 不消耗汽油的燃料电池汽车的原理

原来如此！ 氢和氧反应产生电流，废气也能变水蒸气的环保型汽车！

　　最近，利用电力和电动机来行驶的汽车越来越多。它的构造到底是怎样的呢？在此介绍一下**燃料电池汽车**。

　　首先，关于燃料电池。如图1所示，通过向水中通入电流，我们可以把水分解成氢气和氧气，这个过程被称为**水的电解**。燃料电池的原理就是利用了这个反应的**逆反应**，让氢气和氧气发生反应产生电流。

　　燃料电池只要**补充氢气和氧气就可以持续产生电流**，不需要充电的环节。而且电池产生的废气几乎都是水蒸气（水），不会产生二氧化碳，清洁环保。

　　由此，燃料电池作为未来电动汽车的能源产生装置备受关注。全球的制造商已经开始销售燃料电池汽车了，但数量还较少。主要原因是燃料电池车的价格昂贵以及补充氢气的加氢站建设进展缓慢等。另外，近年来高性能**锂离子电池**的生产成本更加低廉，在电动汽车上使用起来也更加方便，这也是原因之一。不管怎样，在未来的几十年里，随着研究的进一步深入，电动汽车的市场占有率将会大幅增加。

燃料电池发电产生水蒸气

▶ 水的电解实验装置（图1）

向水中通入电流，水会分解成氧气和氢气（电解）。燃料电池利用了它的逆反应。

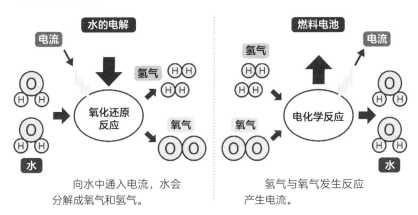

向水中通入电流，水会分解成氧气和氢气。

氢气与氧气发生反应产生电流。

▶ 燃料电池汽车的原理（图2）

从空气中摄取氧气，和车内氢气罐中的氢气发生反应，产生电流驱动电动机运作，使车辆行驶。

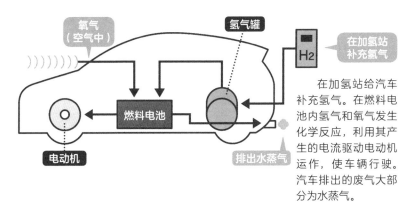

在加氢站给汽车补充氢气。在燃料电池内氢气和氧气发生化学反应，利用其产生的电流驱动电动机运作，使车辆行驶。汽车排出的废气大部分为水蒸气。

最新技术与物理的关系 **第3章**

61 有别于遥控飞机的无人机的飞行原理

 凭借着电池、电动机和各种传感器，无人机能轻易地飞上天！

无人机指的是无人驾驶飞机。从这个意义上来说，自1960年左右，就有了遥控飞机和遥控直升机。但是遥控飞机的操作十分困难，在第一次飞行中就坠落或者严重损坏的情况并不少见。

那么本文中的无人机是什么呢？无人机是带有3个以上螺旋桨的多轴飞行器。现在带4个螺旋桨的飞行器已经很普遍了，被称为四轴飞行器。另外，也有带6个螺旋桨的六轴飞行器和带8个螺旋桨的八轴飞行器等。

这些有多个螺旋桨的飞行器配备着由计算机自动支配的飞行控制器。飞行控制器根据装载在机体上的陀螺仪传感器、加速度传感器、气压传感器、GPS等提供的信息，控制机体的平衡和前进方向。通过调整多个螺旋桨的旋转速度，也能精准调节它的飞行方向（图1）。

此外，随着体积小、重量轻、大容量的锂离子电池和高性能的小型电动机研发的实现，无人机得到了飞跃性的发展，不仅在个人兴趣爱好方面，在产业领域上也被广泛利用。

改变电动机的转速前进

▶无人机的前进方向与螺旋桨的转速（图1）

　　降低要前进方向的电动机的转速，提高与之相反方向的电动机的转速，无人机就会前倾，向前飞行。朝不同方向的移动，就是依据这个原理来实现的。

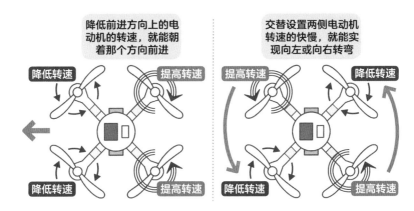

降低前进方向上的电动机的转速，就能朝着那个方向前进

降低转速　提高转速

降低转速　提高转速

交替设置两侧电动机转速的快慢，就能实现向左或向右转弯

提高转速　降低转速

降低转速　提高转速

▶四轴飞行器的基本构造（图2）

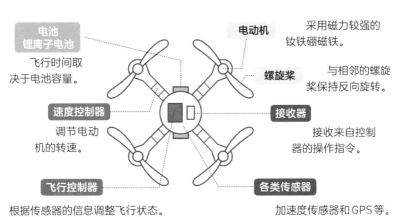

电池
锂离子电池
飞行时间取决于电池容量。

电动机
采用磁力较强的钕铁硼磁铁。

螺旋桨
与相邻的螺旋桨保持反向旋转。

速度控制器
调节电动机的转速。

接收器
接收来自控制器的操作指令。

飞行控制器
根据传感器的信息调整飞行状态。

各类传感器
加速度传感器和GPS等。

62 依靠电能可以在空中飞行吗？电动飞机的开发

原来如此！ 用电能充当一部分动力，利用电能和燃料组合实现飞行！

随着汽车的电动化发展，电动汽车与同时具备内燃机和电动机的混合动力汽车走进了大众的视线。对于同样使用石油作为燃料的飞机，为了减少二氧化碳的排放，政府出台了提高燃油费等举措。但是光是做到这一点是不够的，科学家们正在致力于研究如何让飞机像汽车一样实现电动化。

对于大中型飞机，目前正在进行**混合动力的研究**，有两种方式可以达到目标。第一种是**并联式混合动力系统**（图1），产生推进力的发动机的风扇由喷气发动机和电动机双方转动。而在另一种**串联式混合动力系统**（图2）中，装载在机体上的发动机只发电，用其电力驱动风扇和螺旋桨。

像这样在完全依靠发动机产能的系统中，把其中一部分改为电能供给，将大大减少二氧化碳的排放。

另外，装载电动机和电池以代替发动机和燃料的**电动飞机**也在研究中。但是由于电池容量小，长距离飞行的中大型飞机很难实现依靠电能飞行。首先计划实现的是能容纳几个人、短距离飞行的轻型飞机。此外，**大型无人机**（第168页）的研究也在进行中。

电子和空穴在光的作用下发生移动

▶ **太阳能电池的原理**（图1）

光线照射在电池面板上，N 型半导体和 P 型半导体的接合面附近会产生电子（带负电）和空穴（带正电）。电子向 N 型方向移动，空穴向 P 型方向移动，产生电流。此时，如果将小灯泡的导线接在上下两侧的电极上，小灯泡就会变亮。

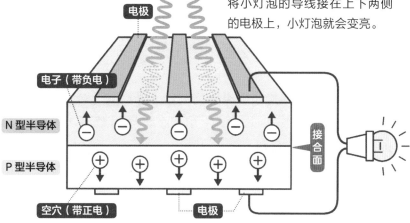

电极

电子（带负电）

N 型半导体

P 型半导体

空穴（带正电）

电极

接合面

▶ **在航天事业上不可缺少的太阳能电池**（图2）

人造卫星的太阳能电池板占据了很大的面积，而且很多卫星必须依靠太阳能电池才能运转。

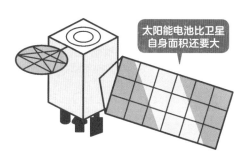

太阳能电池比卫星自身面积还要大

64 4K、8K 和有机 EL 等最新款电视的构造原理

 有机 EL 是指发光的 LED 面板。4K、8K 指的是电视的分辨率！

从显像管电视到液晶电视，再到后来的4K、8K电视以及近年来出现的有机EL电视……电视机每天都在不断进化，但各个阶段的电视机究竟有什么差异呢？此外，它们的名称和构造原理又是什么呢？

老式电视机是通过横纵排列的**红（R）、绿（G）、蓝（B）的细小像素发光**来呈现图像的，这和液晶电视以及有机EL电视的显像原理有很大差别（图1）。

液晶电视是通过背光光源（背照灯）照射红、绿、蓝三色的滤光器来使画面发光的。有机EL电视没有背照灯，通过材料自身发光来显像。**有机EL**显示器的基本原理与**LED**（第126页）相同。背照灯的减少，使得有机EL面板的厚度比液晶更薄，约为5毫米。

4K、8K中的"K"表示干，即阿拉伯数字1000。4K电视表示画面中水平方向每行像素值约为4000个（长3840×宽2160）。同理，8K电视的画面中水平方向每行像素值约为8000个（长7680×宽4320）。

迄今为止，高清（HD）的分辨率为1028×720，全高清（Full HD）的像素为1920×1080。因此，分辨率更高的4K、8K电视机能够显示出的图像会更加细腻和出色。

通过材料发光来成像

▶ 液晶电视与有机 EL 电视（图1）

液晶电视与有机 EL 电视的发光原理不同。

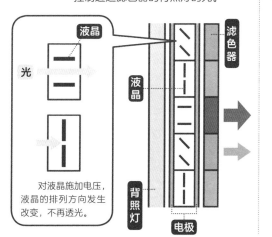

液晶电视

通过改变液晶的排列方向来控制透过滤色器的背照灯的光。

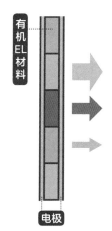

有机 EL 电视

有机 EL 材料通过改变电压来控制自身的发光。

▶ 全高清、4K 和 8K 是什么？（图2）

像素值越大，显示器呈现的影像就越细腻（高分辨率）。分辨率低的显示器，无论将画面放大多少倍，成像依旧模糊。与全高清电视机相比，4K 电视的分辨率是它的 4 倍，8K 电视的分辨率可达到它的 16 倍。

最新技术与物理的关系 **第3章**

Q 潜水的时候可以用手机发短信吗?

| 可以 | 或 | 不可以 |

　　一般来说，手机泡进水里就无法使用了，但也有人用防水的智能手机在水中进行拍照。那么，能用手机在水里进行通信吗？有可能在大海里发短信，或者把照片上传到网络吗？

　　手机是利用电波进行通信的工具。根据波长的长短，电波可被分为多种类型。手机采用的是特高频电波，**波长范围为1米~10厘米**。

　　一般情况下，电波在水中的衰减率很大，很难传播，所以在水中无法通信。另外，波长越短的电波传播起来越困难。因此，要想在潜艇里或者海面的船舶上进行通信，要么搭建电缆，要么利用超声波。超声波在水中的衰减率较小，能够很好地传播（第98页）。另外，大、小型捕鱼船使用的鱼群探测器也不是通过电波，而是通过超声波来探测鱼群的。

▶ 电波和超声波在水中的传播方式

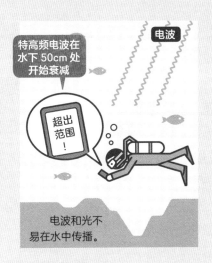

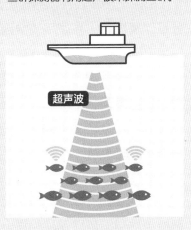

鱼群探测器利用超声波来探测鱼群。

　　虽然电波不易在水中传播，但波长超过100千米的**超长电波**在水中也能有一些传播，所以据说被用于潜水艇的通信。

　　那么电波在水中到底有多难传播呢？在某项实验中，将手机放入防水包中沉入游泳池，在大约50厘米的深度时，电波就无法传输了。因此，在潜水时是无法用手机发短信、上传照片的。

　　综上所述，正确答案是"潜水时不能用手机发短信"。

65 连接地面与太空的通道—— 轨道电梯的研究

用缆绳将地面与宇宙空间站连接起来，去太空就变得既便宜又安全了！

把探测器和载人飞船送上太空时使用的工具是火箭。将来，等月球基地和火星基地完全建成以后，想必人类也会去太空里环游宇宙吧！

在这种愿景之下，**轨道电梯（太空电梯）**被认为是比火箭更便宜、更安全的前往宇宙的工具。轨道电梯是人类构想的一种通往太空的设备，**缆绳连接着地面和距赤道上空约36000千米的宇宙空间站**，人们可以带着行李乘坐沿着电缆上下的电梯，往来于两者之间（图1）。

在距地面36000千米的上空飞行的人造卫星，由于其飞行速度与地球的自转速度相同，所以从地面上看，它们一直处于同一位置。这个高度被称为**地球静止轨道**。如果用缆绳把地球静止轨道上的宇宙空间站与地面连接起来，就相当于在地面上建造了一座非常高的塔。

但是，如果缆绳一直向上延伸到地球静止轨道，那么空间站就会受到缆绳重力的牵引而被拉下去。为了避免出现这种情况，缆绳必须向太空里更远的地方继续延伸，并在缆绳前端系上一个铅坠，这样缆绳上的**离心力**就会变大，空间站就不会落下来了（图2）。缆绳的材料一般选用比铁等物质更轻更结实的碳纳米管。

利用离心力使轨道电梯保持稳定

▶轨道电梯的原理（图1）

　　赤道上建有轨道电梯的站点，要想到达地球静止轨道上的宇宙空间站（距地面约36000km），需要花几天的时间。

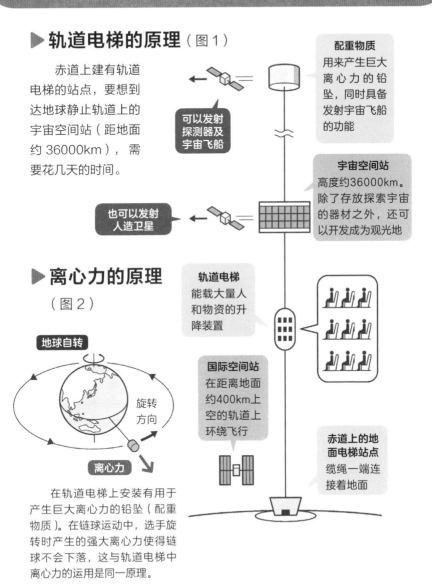

配重物质
用来产生巨大离心力的铅坠，同时具备发射宇宙飞船的功能

可以发射探测器及宇宙飞船

宇宙空间站
高度约36000km。除了存放探索宇宙的器材之外，还可以开发成为观光地

也可以发射人造卫星

▶离心力的原理

（图2）

地球自转

旋转方向

离心力

轨道电梯
能载大量人和物资的升降装置

国际空间站
在距离地面约400km上空的轨道上环绕飞行

赤道上的地面电梯站点
缆绳一端连接着地面

　　在轨道电梯上安装有用于产生巨大离心力的铅坠（配重物质）。在链球运动中，选手旋转时产生的强大离心力使得链球不会下落，这与轨道电梯中离心力的运用是同一原理。

最新技术与物理的关系 **第3章**

66 去往火星的旅程要花多少天？

即使是花费最少的能量去霍曼轨道^①，单程都需要花费 260 天左右。

火星是地球的近邻。它与地球的距离时近时远，最近的时候约5500万千米，最远的时候可达4亿千米。地月距离约为38万千米，因此火星比月球要远150 ～ 1000倍以上。

如果我们朝着现在看到的火星位置发射火箭，当火箭到达预设目的地时，火星的位置已经发生了变化。因此，发射宇宙飞船时，必须使发射出去的宇宙飞船和火星的位置完全重合。另外，载人宇宙飞船还装载有食物等物品，所以在飞行时必须尽量节约燃料，选取**霍曼轨道**作为飞行路径（图1）。根据**霍曼轨道**，计算出地球和火星之间距离较近的时间，在这时发射飞船，到达需要260天左右。

从火星返回地球时，也需要在两者距离较近的时间出发，通过霍曼轨道返回。不过等到那个时候至少需要1年以上，回程也需要260天。由此可知，**往返一趟大概需要2年零8个月**。

美国计划在2030年实现载人登陆火星探测计划，但即使飞船能够顺利飞行，途中也会有宇宙射线辐射的危险，因此必须解决宇航员在飞行中的健康问题。

①霍曼轨道：与两个在同一平面内的同心圆轨道相切的椭圆过渡轨道。这是最省能量的过渡轨道，但飞行时间和飞行路线较长。

地球与火星的位置关系很重要

▶去往火星的霍曼轨道（图 1）

通过霍曼轨道，可以花费最少的燃料到达行星。

去往火星时，地球位于 E1 位置，朝地球公转的方向发射宇宙飞船。此时，火星在 M1 位置。宇宙飞船沿着红色虚线的轨道飞行 260 天左右，抵达位于 M2 位置的火星。此时，地球位于 E2 位置。

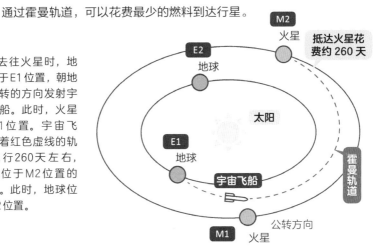

M2
火星

抵达火星花费约 260 天

E2
地球

太阳

E1
地球

宇宙飞船

霍曼轨道

公转方向

M1
火星

▶地球与火星的对比（图 2）

虽然火星与地球比较相似，但人类如果不穿宇航服的话，是无法在火星上生存的。

	地球	火星
与太阳的距离	1（把太阳和地球之间的距离看作单位"1"）	1.52
赤道半径	6378km	3396km
体积	1（把地球体积看作单位"1"）	0.151
重量（质量）	1（把地球重量看作单位"1"）	0.107
重力	1（把地球重力看作单位"1"）	0.38
自转周期（1日）	23小时56分	24小时37分
公转周期（1年）	365.24天	687天
平均气温	15℃	−43℃
气压	1（把地球大气压看作单位"1"）	0.0075
大气中主要成分	氮气78% 氧气21%	二氧化碳95% 氮气3%

最新技术与物理的关系 **第3章**

瞬间移动真的

我们通常用弯曲的纸带模拟时空，来解释瞬间移动一说。

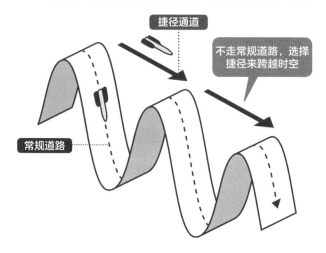

捷径通道

不走常规道路，选择
捷径来跨越时空

常规道路

物体从一个地方瞬间（或很短的时间）移动到另一个较远的地方的能力叫作**瞬移**。在科幻作品中，这项技术经常出现。但这在物理学上可行吗？

首先，我们所处的空间环境不仅与距离有关，还关联着时间，因此被称为**时空**。这个**时空并不是笔直的，而是扭曲的**。

瞬移的基本原理就是，跳出弯曲的时空，再抄近路回到原来的时空（上图）。也就是说，只要能够**跳出正常的时空流动**，就可以跨越时间，移动到别的地方去。

另外，常和瞬移一起被提及的"虫洞"一词，以苹果上虫子咬的洞为参考模型。苹果皮的表面连接着时空，如果沿着苹果皮的表面爬行将会是一段很长的距离，但虫子通过虫洞就能快速到达苹果背面（下图）。

能实现吗？

常用苹果皮模拟时空来解释虫洞一说。

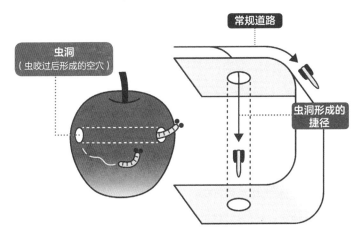

虫洞
（虫咬过后形成的空穴）

常规道路

虫洞形成的
捷径

上述理论的支撑都需要诱发时空扭曲，但遗憾的是，迄今为止观测到的时空扭曲和弯曲都非常细微，更不用说人工诱发的例子了。

虽然在物理学的世界里，**瞬移和虫洞**两个概念都曾被提及过，但在现在的物理学中还没有过实例，不过美国国家航空航天局也并没有完全否定瞬移的可能性。在遥远的未来，跨越时空的物理理论或许会诞生，并且瞬移和虫洞也是有可能实现的。

67 无线充电的原理

原来
如此！ **利用磁铁和线圈的电磁感应，实现无线充电！**

　　不使用电线来为设备供电的技术称为**无线充电**技术，分为**放射型**和**非放射型**两种方式。放射型是将电能转换成电波，再通过天线将电波传到远处的方式，而非放射型是一种在较近距离内充电的方式。

　　放射型中最具代表性的例子是太空太阳能发电技术。这项技术可将宇宙中产生的电能通过电磁波的形式传回地面，为人类所利用。同时，本文还将介绍一种接近我们生活的、可以为智能手机和汽车充电的非放射型装置。

　　非放射型有**电磁感应式**和改良后的**磁场共振（谐振）**式两种方式，其基本原理都是**电磁感应**。如图1A所示，将磁铁放入线圈中，线圈中就会有电流通过。这是电磁感应的基本原理。另外，图1B中的两个线圈之间也会产生电磁感应。这是因为当两个线圈相对时，将其中一个线圈通电，另一个线圈凭借互感现象也会通电。

　　电磁感应式的无线充电就是基于上述原理进行的，另外像Suica卡[1]这类的IC卡也是通过这个原理实现了自动检票机与卡之间的交互。此外，磁场共振式也有了不少改进，不仅充电效率提高了，而且供电距离也变长了。人们一直期待的适用于电动汽车的无线充电就是以这种方式来进行的，目前科学家们正在积极研究之中（图2）。

[1]Suica卡中文一般译为企鹅卡、西瓜卡，是一种可再充值、非接触式的智能卡（IC卡），兼有储值车票及电子钱包功能。

磁通量变化产生感应电流

▶电磁感应的原理（图1）

电磁感应是指因磁通量变化产生感应电流的现象。

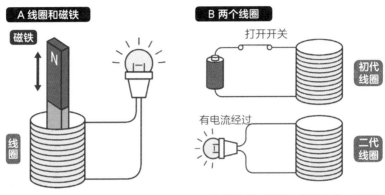

A 线圈和磁铁

磁铁

N

线圈

磁铁来回进出线圈，会产生电流。

B 两个线圈

打开开关

初代线圈

有电流经过

二代线圈

如果向相对的两个线圈中的一个通入电流，那么另一个线圈也会有电流经过。

▶电动汽车的无线充电（图2）

只要车停在无线充电装置上，就能为电池充电。

受电线圈
（二代线圈）

电池

输电线圈　（初代线圈）

分别在停车场和车上安装好输电线圈和受电线圈，停车就可以开始充电。

68 电烤箱和微波炉为什么能够加热？

原来
如此！
微波炉的微波以**每秒 24 亿次的速度快速振荡**，使食物中的**水分子摩擦生热**！

电烤箱的原理是，将磁控管产生的微波射向食物，并作用于食物中的水分子，从而产生热能。

水分子由2个氢原子和1个氧原子组成（图1）。水分子的其中一侧（氧原子的一侧）带负电，另一侧（氢原子的一侧）带正电。

电烤箱的微波的振荡频率为2.45千兆赫，即**每秒振动24.5亿次。微波每振动一次，其正负两极就会交替一次**。当微波接触到食物中的水分子时，水分子也会受到微波的振动牵引而改变方向。也就是说，食物中的水分子会以极快的速度反复改变方向（图2）。

通过这种形式，水分子间相互摩擦，产生热量，使食物温度升高。我们在冷的时候通过搓手来取暖，可以说在原理上是一样的。

不含水分的玻璃等容器，虽然没有以上的物理现象，但由于受到容器内被加热物体的热能传递，它的温度也会上升，只是升温的速度会稍慢一些。

水分子间的摩擦使食物温度升高

▶ 水分子的构造（图1）

氢原子的一侧带正电，氧原子的一侧带负电。

氧原子
带有负电

氢原子
带有正电

▶ 微波与食物中的水分子（图2）

微波接触到食物中的水分子时，微波的极性每改变一次，食物中的水分子的方向就发生一次变化。在这个过程中，水分子相互摩擦，利用摩擦产生的热能来加热食物。

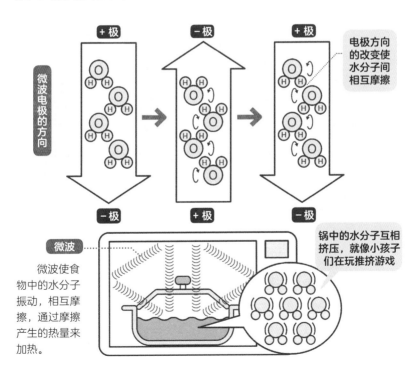

微波电极的方向

+极　　－极　　+极

电极方向的改变使水分子间相互摩擦

－极　　+极　　－极

微波

微波使食物中的水分子振动，相互摩擦，通过摩擦产生的热量来加热。

锅中的水分子互相挤压，就像小孩子们在玩推挤游戏

69 没有火的电磁炉是怎样加热的？

电磁炉中的线圈在锅底产生涡流，使锅变热！

电磁炉不需要火就能加热食物。与燃气灶不同，电磁炉本身不会变热，只有放在上面的锅变热，来帮助我们烹饪。

在电磁炉中，**有缠绕着电线的线圈**（图1）。线圈中只要有电流通过，就会产生磁感线，在铁制的锅底形成**涡流**，这时锅底变热，就能在锅里面烹饪了。这个过程中产生的热量被称为**焦耳热**。

电磁炉与无线充电（第184页）的原理很相似，都利用了电磁感应原理。电磁感应的输电效率不高，输出的电能几乎都变成了热能，电磁炉就是利用这一特点制造出来的。

电磁炉使用了缠绕着电线的线圈，这是利用了磁铁的原理。因此在电磁炉上烹饪，必须使用能够被磁铁吸引的铁锅或者不锈钢锅。不过，有些电磁炉支持全金属炊具烹饪，所以铝锅和铜锅放在这种电磁炉上是没问题的。

近年来，电饭煲也逐渐采用了与电磁炉一样的原理来对食物进行加热和保温，电磁电饭煲流行化的趋势越来越明显。

通过电磁感应产生热能

▶电磁炉的原理（图1）

有电流经过线圈时，线圈就会产生磁感线，通过电磁感应，在铁锅等炊具下方形成涡流。涡流使锅升温之后就能够进行烹饪了，这个过程中产生的热量被称为焦耳热。

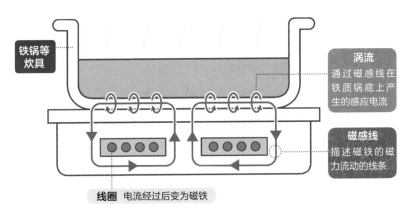

铁锅等炊具

涡流
通过磁感线在铁质锅底上产生的感应电流

磁感线
描述磁铁的磁力流动的线条

线圈 电流经过后变为磁铁

▶电磁电饭煲（图2）

线圈使锅胆产生涡流，锅胆以焦耳热的形式发热来煮熟米饭。也有些电磁电饭煲通过升高锅体内部的气压来煮饭。

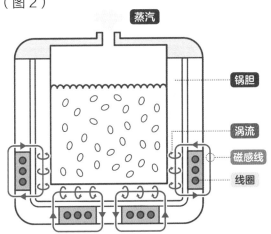

蒸汽

锅胆

涡流

磁感线

线圈

70 过热蒸汽烤箱为什么能把食物烤到焦脆？

原来如此！ 附着在食物上的水蒸气变成水时，液化放出的热量使食物迅速加热！

区别于传统的电加热烤箱，利用加热后的水蒸气来烘焙食物的烤箱正在走向大众。虽然人们可以想象到如何用水蒸气加热食物，但是用水蒸气能够把食物烘焙到金黄酥脆，真是令人吃惊。这究竟是如何做到的呢？

水在100摄氏度时会从液态变成气态水蒸气，加热后远超100摄氏度的水蒸气被称为过热水蒸气。利用过热水蒸气加热食物，比使用一般电加热烤箱加热食物的效率更高。关键就在于水蒸气从气体变成液体时产生附着在食物上的冷凝热。**冷凝热与热空气传递的热量相比**，**能量大得多**，所以食品的温度会在短时间内迅速升高。

过热蒸气烤箱在开始加热时，水蒸气会冷却变成水；如果继续加热的话，水就会变成过热水蒸气。过热水蒸气的温度最高可达300摄氏度，形成热风。热风能把食物表面烤得金黄酥脆，甚至烤焦。

此外，过热蒸汽烤箱还能去除食物中的油脂，并将盐分和水一起溶解，从而减少食物中脂肪和盐分的含量。

水蒸气变为液态水时放出热量

▶什么是过热水蒸气？（图1）

加热到100℃以上的水蒸气被称为过热水蒸气。

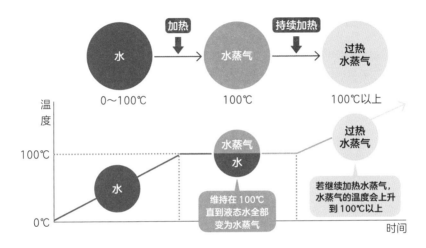

▶过热水蒸气与冷凝热（图2）

当气态的水蒸气变成液态水时，会放出大量的热，这种现象被称为冷凝热。这种热能够使食物在短时间内快速升温。

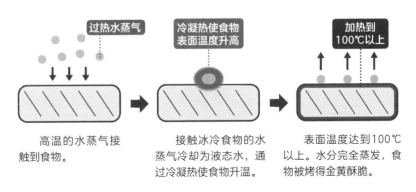

高温的水蒸气接触到食物。

接触冰冷食物的水蒸气冷却为液态水，通过冷凝热使食物升温。

表面温度达到100℃以上。水分完全蒸发，食物被烤得金黄酥脆。

Q 相同温度下，哪个摸起来更热？

> 银板 或 玻璃板

现有银板和玻璃板各一张，分别同时置于 20 摄氏度的室温下。尽管都处于同样的温度环境下，但触摸一段时间后，却能感觉到明显的温差。那么，到底哪个摸起来温度更高呢？

啊！？

要解决这个问题，了解**热的传递方式**和**热导率**是关键。热具有从温度高的物体向温度低的物体传播的性质。例如，在盛夏，如果从炎热的室外打开空调房间的门，热量就会从室外传到房间里。

<5>是指像恒星、星系和黑洞那样**重力巨大的天体，周围**
的空间是弯曲的。从遥远的宇宙照过来的星光和星系的光在中
途经过重力巨大的天体时，会沿着弯曲的空间前进。星光受到
微小弯曲再照到地面上。

▶ 相对论的内容

　　下图简单总结了狭义相对论和广义相对论阐释的内容。

<1> 没有物体运动速度会超过光速（狭义）。

<2> 高速运动的物体，时间的流动会变慢（狭义）。

<3> 高速运动的物体长度会收缩（狭义）。

<4> 质量和能量可以互换（狭义）。

<5> 重（重力大）的物体周围的空间会弯曲（广义）。

<6> 重力大会造成时间的流动变慢（广义）。

阿尔伯特·爱因斯坦

72 爱因斯坦的相对论是什么？②

 原来 如此！ **应用相对论可以去往未来，但不能回到过去！**

　　承接上一节，本节我们会对爱因斯坦的相对论中"**<2>高速运动的物体，时间的流动会变慢**"和"**<6>重力大会造成时间的流动变慢**"这两项内容进行相关介绍。

　　这两项内容是关于时间的理论，如果理论是真的，乘坐喷气机移动的人的时钟会比在家看电视的人的时钟走得慢些。但事实上，把原子钟（精度极高的钟表）放置在飞机内和地面上来做检验，飞机绕地球飞行一周，飞机内时钟的时间只比地面稍微慢一点。

　　人们虽然察觉不到如此微小的变化，但物体速度接近光速时就会产生巨大的差异。**当宇宙飞船以光速99%的速度飞行14年时，地面上已经过去100年了。**

　　由此可以联想到能去往未来的时空机，但是要实现的话相当有挑战性。旅行者1号是一艘空间探测器，如今它正向着太阳系外的遥远宇宙飞行，时速约6万千米（第90页）。喷气式客机时速约900千米，可谓相当惊人，但速度再快也不过是光速的0.000057%。这样的速度无论如何也达不到穿越未来的时光机的速度。

那么我们能回到过去吗？理论上来看，要是能制作出超越光速的飞船，就能回到过去。但是在爱因斯坦的相对论中"**<1>没有物体运动速度会超过光速**"这一理论限制了人们的脚步。

▶乘坐时光机能去未来吗？

当宇宙飞船的飞行速度达到光速的99.8%时，经过约6年的宇宙旅行，就能去往100年后的地球。

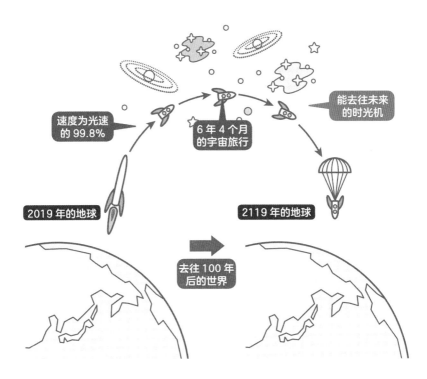

想要知晓的物理世界 **第4章**

73 对宇宙的起源我们知道多少？

原来如此！ 我们可以解释宇宙诞生后 $1/10^{-36}$ 秒之后的事，但无从得知宇宙是怎样开始的！

　　我们所在的宇宙是在 <u>**138亿年前**</u> 宇宙大爆发之后诞生的，但是宇宙诞生时的情形以及宇宙是如何诞生的，我们无从知晓，仅凭现有的物理理论知识无法进行解释。

　　但是 <u>**对于宇宙诞生后 $1/10^{-36}$ 秒之后的事，我们可以进行理论解释。**</u> 尽管如此短暂的时间对于我们而言就是难以察觉的一瞬间，但这段时间在物理学上不能被忽视。虽然宇宙诞生最初的一瞬间发生的事仍是一个谜团，但我们可以了解宇宙诞生后的情况。

　　在宇宙诞生的 $1/10^{-36}$ 秒后到 $1/10^{-34}$ 秒这段时间里，就算用显微镜也看不清楚的初生宇宙急剧膨胀，膨胀程度相当于一个泡沫在一瞬间膨胀到太阳系那么大。这样剧烈的膨胀叫作暴胀，而持续膨胀的宇宙释放的能量变成了热能，引起了 <u>**宇宙大爆炸**</u>。

宇宙进一步膨胀，与此同时温度下降，大爆炸后3分钟左右，构成物质基础的氢和氦形成了原子。大爆炸38万年后，宇宙中的光得以传播。想象一下，就如同宇宙中的浓雾消散，宇宙变得清澈透明。这个现象叫作复合。

之后，经过几亿年的时间，星体和星系开始形成。92亿年后，也就是在距今46亿年前，形成了太阳和地球。

▶宇宙的开始和它的历史

宇宙约在138亿年前诞生，但是宇宙诞生那一瞬间的情形我们无从得知。

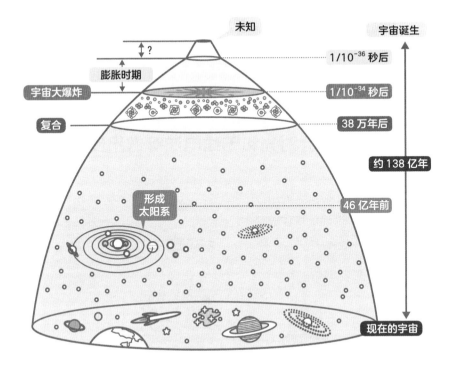

想要知晓的物理世界 第4章

74 宇宙中存在神秘物质？暗物质是什么？

以现代科学技术无法解释的物质。宇宙的95%由暗物质组成！

暗物质虽然听起来像科幻作品里的说法，但其实它也是物理学中的术语。那么它究竟是什么呢？

在宇宙中，存在凭现有的科学知识无法解释的物质。因为人们**无法得知它的真正形态，所以称它为暗物质**。

暗物质不能被直接观测到（图1），但是暗物质的质量产生的重力会造成各种各样的影响。反过来说，通过观测重力的影响，可以确定暗物质的存在。

▶暗物质不会对光和无线电波等做出反应

（图1）

普通物体会对光做出反应，因此可以确认物体的存在。由于暗物质会被光、红外线和无线电波等透过，所以无法直接观测到暗物质。

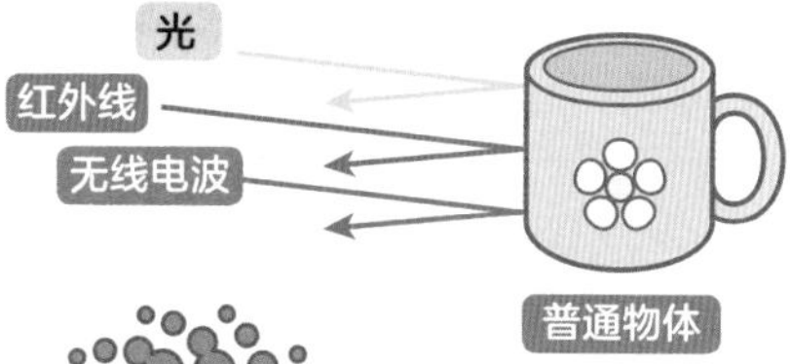

光
红外线
无线电波
普通物体

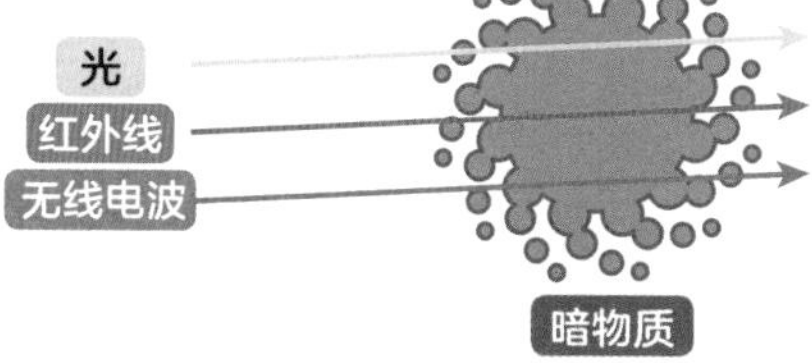

光
红外线
无线电波
暗物质

首先发现暗物质的是瑞士的天文学家兹威基（1898—1974）。兹威基仔细计算了在遥远的地方旋转着的星系的质量。星系的旋转是通过构成星系的星体和气体的质量所产生的引力来实现的。因此，在详细测出星系的旋转速度后就可以计算出星系整体的重量。这样得出的**星系重量比通过光和无线电波的观测推算出的结果要重得多**，这一结果表明了暗物质的存在。

除暗物质之外，宇宙还存在**暗能量**。宇宙能够加速膨胀，需要巨大的能量。**人们还不清楚这种能让宇宙膨胀的能量是什么，暂且称之为暗能量。**

此外，暗物质和暗能量在宇宙中占比**约95%**（图2），而人类未知的领域还有很多，宇宙仍是一个谜团。

▶**宇宙存在的能量比例**（图2）

最新研究表明，宇宙中普通的物质（原子）占据不到5%的能量。宇宙的大部分由形态不明的暗物质和暗能量组成。

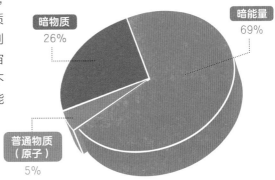

暗物质 26%

暗能量 69%

普通物质（原子）5%

想要知晓的物理世界 第**4**章

75 宇宙的未来会如何？

原来如此！ 宇宙终有一天会毁灭，有**宇宙大坍缩**等理论！

自宇宙诞生已经过去138亿年了，未来，宇宙会永远存在吗？当然不可能。老话说得好，"天下无不散之筵席"，**宇宙终有一天也会迎来终结**，有关宇宙的终结，存在几个理论。

宇宙在宇宙大爆炸之后诞生、持续膨胀，但这种膨胀也会停止，接着在引力的作用下开始收缩，最终所有的物质都会坍缩、毁灭，变为大爆炸之前的状态。这就是**大坍缩理论**。可以把宇宙想象成气球，抽走膨胀的气球里的空气，气球就会恢复原状。

也有这样的说法："宇宙中有无数的恒星由于核聚变产热，但能量最终也会耗尽。"恒星和星系冷却，最终宇宙的一切都会冻结。这就是**热寂理论**。

另外，根据到目前为止的观测，宇宙的膨胀速度越来越快。宇宙的膨胀速度像这样不断地加快，不仅会拉远星体和星系间的距离，还会把我们身边的物体，甚至组成我们身体的原子扯得四分五裂。这就是**大撕裂理论**。

例如，注入气球的氢气的原子核是由2个质子、2个中子组成，电子数和质子数相同，有2个电子围绕在原子核周围。

原子有氢原子和氧原子等不同种类，原子的种类由质子数决定。

质子和中子再细分，是由**夸克**（一种参与强相互作用的基本粒子）组成的。由此可知，现在构成物质的**基本粒子是电子和夸克**（图1）。

而且除了以上提到的，传递光、电磁力的光子，以及带质量的**希格斯玻色子**等，有许多种基本粒子（图2）。

研究基本粒子的物理学就叫作**粒子物理学**。粒子物理学是一个促进科学发展的研究领域，研究不断进步，就能够逐渐揭开宇宙的构成和宇宙诞生之谜。

▶ 到目前为止确定的基本粒子（图2）

基本粒子				
物质粒子			规范玻色子	带质量玻色子
第一阶段	第二阶段	第三阶段		
夸克 u 上	c 粲	t 顶	强相互作用 g 胶子	希格斯玻色子 H
d 下	s 奇	b 底	电磁相互作用 γ 光子	
轻子 ve 电中微子	$v\mu$ μ中微子	$v\tau$ τ中微子	弱相互作用 W^+ W^- Z W玻色子 Z玻色子	
e 电子	μ μ子	τ τ子		

想要知晓的物理世界 **第4章**

77 微观世界的理论——量子论和量子力学是什么？

能发生穿过墙壁的现象。探究微观世界的科学学科！

量子论是围绕微观世界，描述电子和光的行为的理论。微观世界指的是大小在**1毫米的一千万分之一以下**，物质比原子还要小的世界。肉眼能看到的、显微镜下能观察到的叫作宏观世界。

在微观世界会发生一些难以置信的现象，这些现象难以用宏观世界的常识去思考。

▶隔板隔开的箱子里面的电子（图1）

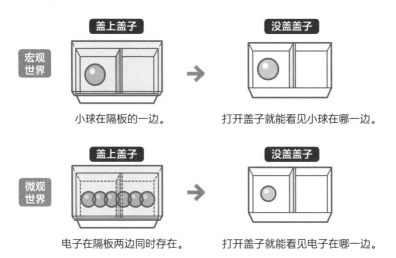

盖上盖子 / 没盖盖子

宏观世界
小球在隔板的一边。
打开盖子就能看见小球在哪一边。

微观世界
电子在隔板两边同时存在。
打开盖子就能看见电子在哪一边。

在量子论中，**电子具有波粒二象性**。电子在观测不到时，以波的形式存在；在被观测时，波会收缩，可以看到呈现粒子的形态。

比如在箱子中放入一个电子，隔板把箱子分成两个部分。按照常识来说，无论箱子的盖子是否打开，电子肯定会在其中一边。

但是在量子论中认为，箱子的盖子盖上时，电子在隔板两边同时存在。再打开盖子，透过光来观察，就能看见电子在哪一边（图1）。

此外，在量子力学中通常认为人虽然不能穿过墙壁，**但电子可以像穿过凭空出现的隧道一样，穿过原本不可能穿过的位势垒**（图2）。

这在物理学和数学层面是解释得通的。基于量子论说明微观世界物理现象的理论叫作**量子力学**。

▶量子隧穿效应（图2）

宏观世界

好痛！

人不能穿过墙壁。

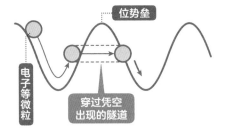

微观世界

电子等微粒可以穿过不可能穿过的位势垒。

位势垒

电子等微粒

穿过凭空出现的隧道

想要知晓的物理世界 第**4**章

78 混沌理论是怎样的理论？

 是一门研究气象变化和难以预测的复杂行为的理论！

Chaos意为混沌。顾名思义，**混沌理论是一门解释预测有关事物复杂行为的理论**。那么混沌理论是怎样的理论呢？

举例来讲，一辆汽车以时速60千米的速度行驶在高速公路上，那么我们可以预测这辆车在经过A地1小时后，应该经过距离A地60千米的B地。此时，我们已知汽车的速度、距离和时间，那么汽车的未来位置就可以确定。我们不禁萌生出这样的想法：不仅汽车速度和道路距离是这样，还有原子和分子也是这样。

▶混沌理论能够预测未来发生的物理运动状态吗？（图1）

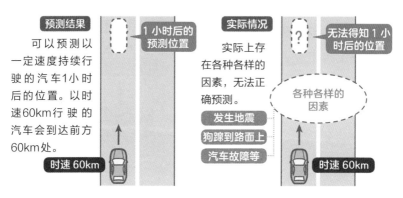

预测结果
可以预测以一定速度持续行驶的汽车1小时后的位置。以时速60km行驶的汽车会到达前方60km处。

1小时后的预测位置

时速60km

实际情况
实际上存在各种各样的因素，无法正确预测。

发生地震
狗蹿到路面上
汽车故障等

无法得知1小时后的位置

各种各样的因素

时速60km

事实上，因为世界是由各种错综复杂的现象交织在一起的，**所以人们不可能完全预测未来发生的物理运动状态**。只是微小的差异，就会导致预测产生偏差（图1）。这也是天气预报不准确的原因。混沌理论就是解释和预测这样的复杂行为的理论。

为了预测未来会发生的物理运动状态，需要向计算机输入计算的基础数值（初始条件）。如果初始条件有一些误差，最终状态看上去好像没有很大的差异，但事实上，初始条件就算只有非常微小的变动，也可以导致最终状态的巨大差别。

蝴蝶效应形象地说明了这个现象。"如果在巴西有一只蝴蝶扇动翅膀（空气的流动会一点点地扩散），那么在美国得克萨斯州会引起龙卷风吗？（图2）"这是一位美国气象学家提出的问题。虽然这个问题还没有答案，但是混沌理论在尝试解释自然和社会中的复杂行为。

▶ **蝴蝶效应**（图2）

蝴蝶扇动翅膀会引起龙卷风？

如果在巴西有一只蝴蝶扇动翅膀，那么在美国得克萨斯州会引起龙卷风吗？初始条件会随时间产生巨大的差异，在混沌理论的体系中存在初始条件敏感性。

79 日本合成的钦元素是什么？

 日本理化研究所合成的新元素，平均寿命只有 0.002 秒！

钦（*nihonium*）是一个人工合成元素的名称，这个元素是由日本理化研究所合成出来的。合成元素看起来是一件了不起的事情，那么元素究竟是什么呢？

物质是由**原子**这一微粒组成的，**元素**代表原子的种类。元素和原子有点容易混淆，以氧气为例，在说明"人需要氧气"时，使用的是氧元素，而实际上，我们吸入体内的氧气是氧原子（图1）。

自然界中存在约90种元素，其余人工合成的元素约30种。元素中有1H、2He、3Li……这样的序号。这个序号表示原子核中的质子数，叫作**原子序数**。

▶元素是什么？

（图1）

元素代表原子的种类。人需要氧元素（概念），但人体真正吸入的是氧原子。

钅尔元素的原子序数为113（图2），也就是说钅尔元素有113个质子。日本理化学研究所于2004年在世界范围内首次合成钅尔元素，并于2016年受到国际认可。钅尔元素这一名称来自日本国名，根据国际纯粹与应用化学联合会（IUPAC）制定的规则，在日本（nihon）后添加了"-ium"，定为"nihonium"，元素符号为"Nh"。

　　人们现在还未完全了解钅尔元素的性质。氢和氧等元素不易衰变，但人工合成的元素寿命很短，容易快速衰败变成其他元素。**钅尔元素的平均寿命仅为0.002秒**。

▶ 钅尔原子的结构（图2）

钅尔原子的原子核里有113个质子，原子核周围有113个电子。比起氢原子，钅尔原子的构造更加复杂。

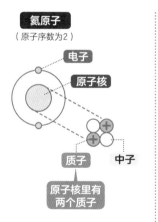

氦原子
（原子序数为2）

电子
原子核
质子　中子
原子核里有两个质子

无色无味的气体，比氢气略重。用于气球充气等用途。

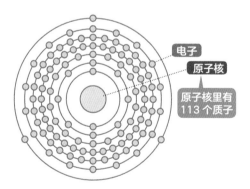

钅尔原子
（原子序数113）

电子
原子核
原子核里有113个质子

80 获得诺贝尔物理学奖的日本科学家

 有 11 位日本科学家获得诺贝尔物理学奖。第一位获奖者是汤川秀树！

阿尔弗雷德·诺贝尔是**硝酸甘油炸药**的发明者，他凭借炸药获取了巨大财富。诺贝尔奖是根据他的遗嘱于 1901 年开始颁发的国际性奖项。诺贝尔奖包括诺贝尔物理学奖、诺贝尔化学奖、诺贝尔生理学或医学奖、诺贝尔文学奖、诺贝尔和平奖以及诺贝尔经济学奖 6 个奖项。其中，诺贝尔物理学奖的第一届获奖者是发现 X 射线（第 116 页）的德国物理学家**威廉·伦琴**。

截至 2018 年，诺贝尔物理学奖共有 210 名获奖者，其中有 9 名日本人，包括 2 名美籍日裔人在内共有 11 名获奖者。这**11名**日本获奖者的科研成果也和在本书中出现的**基本粒子**（第 206 页）及**量子论**（第 208 页）有关。

第一位获得诺贝尔奖的日本人是获物理学奖的汤川秀树。进入 21 世纪后，每隔几年就会有获奖者，日本也在物理学领域为世界做出了巨大贡献。

这些日本的获奖者所做的每一项研究对普通人而言都是遥不可及的，但是在 2014 年，3 名诺贝尔获奖者发明的**蓝色发光二极管**（**LED**，第 126 页）那么贴近人们的日常生活。正是此项发明，让 LED 走进了世界的千家万户。

▶日本诺贝尔奖获奖者

1949年汤川秀树是日本第一位诺贝尔奖获奖者。

获奖年	姓名		获奖理由
1949年	汤川秀树	1907—1981	原子核内部质子与中子结合的强相互作用，介子存在的预想。
1965年	朝永振一郎	1906—1979	完成重整化理论，在量子电动力学领域的基础研究贡献。
1973年	江崎玲于奈	1925—	在半导体中发现电子的量子隧穿效应。
2002年	小柴昌俊	1926—2020	第一次成功截获由超新星（SN1987A）爆炸所释放的中微子。
2008年	南部阳一郎（美籍日裔）	1921—2015	基本粒子物理学中对称性自发破缺的发现。
	小林诚	1944—	发现CP对称性破损的来源和对基本粒子物理学的贡献。
	益川敏英	1940—	
2014年	赤崎勇	1929—2021	发明高亮度蓝色发光二极管（LED），带来了节能明亮的白色光源。（LED等半导体材料基于量子论制作）
	天野浩	1960—	
	中村修二（美籍日裔）	1954—	
2015年	梶田隆章	1959—	发现中微子振荡现象，并因此证明中微子具有质量

如果不想导致无可挽回的失败，就不要惧怕初期犯的错误

汤川秀树

想要知晓的物理世界 第4章

物理学的 15 个 大发现！

从公元前的阿基米德原理开始，本书选取了物理学上的15个重要发现。

让我们来看看这些改变世界认知的里程碑式的历史吧！

1 有关浮力的大发现

【阿基米德原理】

发现者
阿基米德
古希腊数学家、物理学家

▶公元前 250 年左右

阿基米德原理：浸入静止流体（液体或气体）中的物体所受浮力，其大小等于该物体排开的流体重量。阿基米德原理与船舶、气球、热气球、冰山等物体紧密相连，是现代计算浮力的基础。

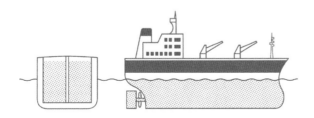

2 有关压力的大发现

【帕斯卡定律】

▶ 1653 年

发现者
布莱士·帕斯卡
法国数学家、物理学家

帕斯卡定律：在密封的容器内，对静止的流体的一部分施加压强，那么该压强增值以相同大小传至流体各处。人们利用此原理制造了液压千斤顶和液压制动器（用于刹车）等液压机以及液压泵等流体机械。

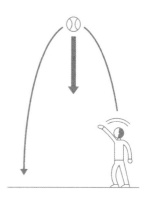

3 力学的大发现

【万有引力定律】

▶ 1687 年

发现者
艾萨克·牛顿
英国物理学家、天文学家

::

　　宇宙中的所有物体和物体之间都具有相互吸引的力。物体间相互吸引的力叫作万有引力。包括这个法则在内，牛顿统一了从地面到宇宙物体的运动法则，之后人们开始推进力学的研究。

4 有关温度和体积的大发现

【查理定律】

发现者
雅克·查理
法国物理学家

▶ 1787 年 :::

　　在一定的压力下对气体加热，气温每上升1摄氏度，就会比0摄氏度时的体积增加1/273，这就是查理定律。这个定律在现代应用于空调和冰箱等设备。

5 有关电流的大发现

【法拉第电磁感应定律】

发现者
迈克尔·法拉第
英国物理学家

▶ 1831 年 :::

　　当线圈中的磁场发生变化时，产生试图流入线圈的力（电动功率），被称为电磁感应的电动功率，电流流动被称为感应电流。发电机以及电机的发明正是基于法拉第发现的这一原理。

【焦耳定律】

发现者
詹姆斯·P. 焦耳
英国物理学家

▶ 1840 年

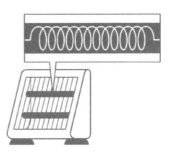

焦耳定律：从导线流经的电流产生的热量与电流的二次方成正比，与导体的电阻和通电时间成正比。之后，热力学有了发展，该作用（过程）中所产生的热被称为焦耳热。应用于烤面包机或电暖炉等器具。

【麦克斯韦方程组】

▶ 1864 年

发现者
詹姆斯·C. 麦克斯韦
英国物理学家

麦克斯韦方程组描述了电磁场间的关系，是经典电磁学的基础。在很多科学家看来，麦克斯韦已掌握了电磁关系的实验数据，并用数学将其理论化。这个方程式在信息及通信技术上是不可或缺的。

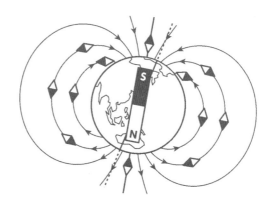

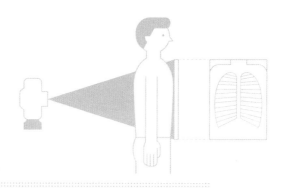

【X射线】

▶ 1895 年

发现者

威廉·伦琴
德国物理学家

X射线是伦琴在做阴极射线的研究过程中发现的电磁波，以未知性质的射线命名为X射线。X射线具有穿透和感光作用等，因此被应用在医院X射线检查和机场检查等。

【无线电通信】

▶ 1895 年

发现者

伽利尔摩·马可尼
意大利发明家

为使电磁波实用化，马可尼进行了用无线电波传递信息的无线电通信实验，并取得了成功。马可尼进行了一系列的实验，包括横跨大西洋的无线电通信实验、船和船的通信等大范围的实验和商务活动。该无线电的技术广泛运用于收音机和手机等设备。

【放射性】

▶ 1896 年

发现者

安东尼·H.贝克勒尔
法国物理学家

贝克勒尔发现某种物质具有发射射线的能力，称其为放射性。贝克勒尔受X射线的发现所启发，通过实验确认铀具有自然产生射线的能力。放射性应用于医院的放射疗法和核能发电等。

⑪ 量子论研究的大发现

【量子论】

▶ 1900 年

发现者

马克思·普朗克

德国物理学家

::::::::::::::::::::::::::::::::::

　　假设一个理想的物体（黑体）能够完全吸收外来的所有电磁辐射，为了消除与过去定律的矛盾，普朗克提出光的能量只能采用某种最小单位的整数倍的值这一主张。这就是普朗克的量子假设，为量子论研究铺平了道路。

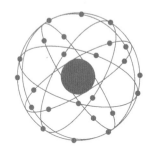

⑫ 光、重力等大发现

【相对论】

▶ 1905 年、1915—1916 年

发现者

阿尔伯特·爱因斯坦

德国物理学家

::::::::::::::::::::::::::::::::::

　　爱因斯坦在1905年发表的狭义相对论只适用于没有考虑引力场状态下的惯性参考系，因此有一定局限性。1915年发表的广义相对论引入了加速度运动和引力场。它们共同奠定了现代科学的基础，并对研究基本粒子物理学和黑洞起到了重要作用。

⑬ 微观世界的大发现

【量子力学】

▶ 1926 年

发现者

埃尔温·薛定谔、沃纳·海森堡等

德国的物理学家

　　量子力学的提出主要解释了微观世界发生的现象。在电子这样的微观世界里，其位置和动量的大小不可同时被确定，在测量值的偏差大小之间存在固定的关系，因而，海森堡等人提出了量子力学中的不确定性原理。

14 宇宙起源的大发现

【大爆炸宇宙论】

▶ 1946 年

发现者

乔治·伽莫夫
美国物理学家

::

　　根据哈勃定律，宇宙会继续膨胀。以这个定律为基础，伽莫夫提出了宇宙起源论。这一理论是指宇宙是由高温高密度的火球发生爆炸形成的，在此过程中合成了各种元素。

15 相关的电子发明

【晶体管】

▶ 1948 年

发现者

威廉·肖克利、约翰·巴丁、
沃尔特·布拉顿
美国物理学家

::

　　人们发现，在金属和绝缘体之间存在一种带电阻率的半导体，而掺有杂质的锗晶体具有将电流整流、放大和振荡等功能，被称为晶体管。晶体管常用于收音机和电视机等电器。

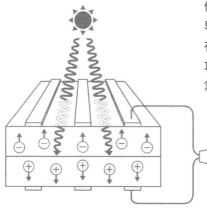

索　引